W0298602

DR. HERMANN JAHN

Wir sammeln Pilze

MOSAIK VERLAG

Zeichnungen: Betty Kothe-Marxmeier
Das Einbandfoto zeigt Goldröhrlinge, Suillus Grevillei
(Zentrale Farbbild Agentur Gebr. Paysan, Düsseldorf)
Die Farbfotos stellten zur Verfügung: Dr. H. Jahn (74),
Dr. E. Burrichter (3), P. Ebert (1), E. Jahn (2).
Schwarzweißfotos: Dr. H. Jahn

© Mosaik Verlag GmbH, München 1975 / 2 · 5 4 3
Gesamtherstellung Mohndruck Reinhard Mohn OHG, Gütersloh
Einbandgestaltung S. Kortemeier
Alle Rechte vorbehalten · Printed in Germany
ISBN 3 570-02650-7

INHALT

An den Leser

Von Jahr zu Jahr nimmt die Schar der Pilzsammler zu, die im Herbst unsere Wälder durchstreifen. Gewiß ist es nicht mehr Nahrungsmangel wie in Notzeiten, der die Menschen dazu zwingt, sich zusätzliche Nahrungsmittel im Walde zu suchen, und auch nicht lediglich der Appetit auf ein Gericht wohlschmeckender Pilze, der zum Sammeln anspornt. Viel müheloser und auch billiger könnte man doch die Pilze auf den Märkten kaufen. Statt dessen nimmt man es auf sich, lange Fahrten zu entlegenen Wäldern zu unternehmen, in denen man viele Stunden umherwandert und nach Pilzen Ausschau hält, nur allzuoft mit magerem Ergebnis.

Trotzdem kommt man immer wieder, denn selbstgesammelte Pilze schmecken besser als gekaufte, und der eigentliche Anlaß zum Pilzsammeln ist ja gerade die Freude am Wandern im Herbstwald und das Abenteuer der Pilzjagd selbst, die zur Leidenschaft werden kann. Der Reiz liegt im Geheimnisvollen, im Unerwarteten des Auftretens der Pilze, in der Krönung des langwierigen Suchens durch das plötzliche freudige Entdecken.

Wir erleben die Pilze immer wieder neu in ihren Wäldern, inmitten ihrer natürlichen Umgebung. Sie erheben sich zwischen Kräutern, Moosen und Flechten, sie drängen aus dem alten Laube hervor, sie durchbrechen die Nadeldecke der Fichtenwälder, sie thronen auf vermorschenden Baumstümpfen. Sie sind der Mittelpunkt stets wechselnder, reizvoller Kleinstlandschaften innerhalb der Großlandschaft Wald. Unsere Farbfotos geben eine Vorstellung davon.

Die *farbigen Abbildungen* bringen eine Auswahl von 80 Pilzarten, unter ihnen die für den Sammler wichtigsten Speisepilze mit Beschreibungen ihrer Erkennungsmerkmale. Besonderer Wert wurde auch auf die Darstellung der gefährlicheren Giftpilze gelegt, deren Kenntnis für jeden Sammler notwendig ist. Zahlreiche weitere Arten sind als Verwandte oder Verwechslungspilze erwähnt.

Der *einführende Text* schildert die Pilzpflanze als Lebewesen und bringt viele Ratschläge für erfolgreiches und gefahrloses Pilzsammeln. Hier erfährt der angehende Pilzjäger, welche Regeln er beachten muß, um als zünftiges und im Walde gern gesehenes Mitglied seiner Gilde gelten zu können. Besonders eingehend sind die Zusammenhänge zwischen den verschiedenen Typen der Laub- und Nadelwälder und ihrer Pilzflora dargestellt, entsprechend der großen Mannigfaltigkeit des deutschen Waldes zwischen Alpen und der Meeresküste. Hier kann sich der Pilzfreund darüber orientieren, welche eßbaren oder giftigen Pilze er etwa in den Wäldern seiner Heimat oder im Urlaubsgebiet zu erwarten hat.

Nur wenige Sammler geben sich zeitlebens mit der Kenntnis einiger weniger eßbarer Pilze zufrieden. Bald beginnt das Fragen, wie dieser oder jener unbekannte Pilz heißt, dem man begegnet, und ob er wohl für den Pilzkorb taugt. Man möchte tiefer eindringen in die Kenntnis vom Reich der Pilze. Der Pilzsammler wird so zum Pilzliebhaber, den die Pilze nicht nur als Sammelbeute für den Kochtopf reizen, sondern als pflanzliche Lebewesen mit eigenartiger Lebensweise, mit großer Formen- und Farbenfülle und seltsamer Schönheit, die oft erst bei näherer Betrachtung offenbar wird. Im Abschnitt *Vom Pilzsammler zum Pilzkenner* gibt unser Buch den Pilzliebhabern Ratschläge, wie sie ihr Wissen vertiefen und erweitern können und zeigt Wege auf, die zu umfassenderen Pilzkenntnissen führen. Hier ist auch von der Pilzwissenschaft, der Mykologie, die Rede und von den Fragen, um deren Lösung sie sich bemüht. Eine kurze Bestimmungstabelle für die wichtigsten Gattungen der Lamellenpilze soll das Zurechtfinden in dieser größten Gruppe der Pilze erleichtern. Die Literaturübersicht am Schluß empfiehlt die geeignetsten Pilzbücher für weiterführendes Pilzstudium.

Die Farbfotos, aufgenommen am natürlichen Standort der Pilze, sollen für den fotografierenden Sammler ein Anreiz sein, selbst seine Kamera mit in den Wald zu nehmen und seine schönsten Pilzfunde im Farblichtbild festzuhalten, zum Lernen, zum Einprägen, zum späteren Nachbestimmen und vor allem zur Freude und Nachernte bei der Vorführung an langen Winterabenden, wenn die Pilze draußen längst wieder verschwunden sind. Hierzu gibt das Kapitel *Pilze als Fotoobjekte* einige Ratschläge und technische Anleitungen aus der Praxis der Pilzfotografie.

Das Reich der Pilze

Sind Pilze Pflanzen?

Carl von Linné, der berühmte schwedische Naturforscher des 18. Jahrhunderts, war der Meinung, die Pilze seien ein Mittelding zwischen Tieren und Pflanzen. Sie paßten nicht in das zoologische und botanische System, das Linné aufgestellt hatte, und er hielt es für das beste, neben dem Tier- und Pflanzenreich ein besonderes »Reich der Pilze« anzuerkennen. Aber schon vor Linné hatte der Italiener P. A. Micheli um 1710 entdeckt, daß die Pilze Sporen erzeugen, winzige, staubfeine Gebilde, aus denen nach Aussaat neue Pilze entstehen können. Vermehrung durch Sporen geschieht aber auch bei den Moosen, Farnen und Schachtelhalmen, und es besteht kein Grund, an der Pflanzennatur der Pilze zu zweifeln.
Trotzdem liegt der Ansicht Linnés, die Pilze ständen zwischen Tieren und Pflanzen, in gewissem Sinne etwas Richtiges zugrunde. Fast alle anderen Pflanzen sind grün, und von ihnen unterscheiden sich die Pilze grundlegend durch ihre Ernährungsweise. Alle grünen Pflanzen besitzen den Wunderstoff Chlorophyll, mit dessen Hilfe sie das gasförmige Kohlendioxyd der Luft zusammen mit Wasser in feste Stärke oder in Zucker verwandeln können, aus denen sie dann ihren Körper aufbauen. Zu diesem geheimnisvollen Vorgang, der Fotosynthese oder Assimilation, benötigen sie die Hilfe des Sonnenlichtes. Die grünen Pflanzen sind in ihrem Körperbau ganz auf die Assimilation eingestellt. Ihre wichtigsten Ernährungsorgane sind die Blätter, die – in ihrer Vielzahl eine große Oberfläche erzeugend – zum Lichte ausgebreitet sind. Die Chlorophyllpflanzen sind in bezug auf ihre Kohlenstoffernährung selbständig, sie sind *autotrophe* Organismen.
Die Pilze besitzen aber kein Chlorophyll und können das Kohlendioxyd der Luft deshalb nicht selbst aufnehmen. Um den nötigen Kohlenstoff zum Aufbau ihrer Körpersubstanz zu erhalten, zersetzen sie mit Hilfe besonderer chemischer Stoffe, der Enzyme, die unseren Verdauungssäften ähneln, die kohlenstoffhaltigen Verbindungen aus dem Körper grüner Pflanzen oder deren toter Überbleibsel. Sie sind

also in ihrer Ernährung unselbständig, von den grünen Pflanzen abhängig, man nennt sie *heterotrophe* Organismen.

In der gleichen Lage wie die Pilze sind auch die Tiere und der Mensch. Auch sie sind heterotrophe Lebewesen und in ihrer Ernährung letztlich auf die autotrophen grünen Pflanzen und deren Assimilationstätigkeit angewiesen, die der Grundvorgang allen Lebens auf der Erde ist.

Von diesen Zusammenhängen wußte man freilich zur Zeit Linnés noch nichts, und er war daher auch noch nicht in der Lage, die Rolle der Pilze im Haushalt der Natur zu verstehen. Als leidenschaftlicher Freund der Blumen und Bäume verachtete Linné die Pilze, die von deren Resten leben, und nannte sie »diebische und gefräßige Bettler«. Heute wissen wir indessen, daß die Pilze zusammen mit den übrigen heterotrophen Organismen, vor allem den allgegenwärtigen Bakterien, ebenso nötig sind wie die grünen Pflanzen, wenn das Leben auf der Erde nicht zum Stillstand kommen soll. Indem sie die Verwesung verursachen, bauen sie die gebundene organische, also kohlenstoffhaltige Substanz der toten Lebewesen wieder ab.

Am Ende der langen Kette von chemischen Umsetzungen, die den Verwesungsvorgang ausmachen und in den auch die Pilze eingeschaltet sind, stehen wieder Wasser und Kohlendioxyd, das in die Luft zurückgegeben wird und damit erneut zur Assimilation zur Verfügung steht. Die mit dem Wasser aufgenommenen Mineralstoffe gelangen in den Boden zurück. Autotrophe und heterotrophe Lebewesen bedingen sich also gegenseitig; im großen Wechselspiel des Stoffumsatzes kann keine Seite ohne die andere bestehen.

Einteilung der Pilze. Zum Reich der Pilze rechnet man eine riesige Zahl von sehr verschiedenartigen Organismen, von mikroskopisch kleinen, nur aus einer Zelle bestehenden Formen bis zu den großen Arten, die man landläufig als Pilze oder Schwämme bezeichnet. Gemeinsam sind ihnen allen nur das Fehlen des Chlorophylls und die heterotrophe Lebensweise. Man gliedert das Pilzreich in die Niederen und die Höheren Pilze.

Die *Niederen Pilze* mit einfachem Aufbau können nur mit Hilfe des Mikroskopes näher studiert werden. Für sie interessiert sich außer dem Forscher auch der Pflanzenpathologe, denn unter ihnen befinden sich manche parasitische Arten, die auf unseren Kulturpflanzen Krankheiten verursachen.

Der Körper der *Höheren Pilze* besteht aus verschiedenartigeren Bauelementen; ihre Sporen werden in besonderen Sporenmutterzellen gebildet. Nach den beiden Typen solcher Zellen, dem Schlauch (oder

Ascus) und der Basidie, teilt man die Höheren Pilze in *Schlauchpilze (Ascomyceten)* und *Basidienpilze (Basidiomyceten)* ein. Auch unter den Höheren Pilzen gibt es viele Gruppen, deren Körper nur mit dem Mikroskop untersucht werden kann, z. B. Schimmelpilze, Mehltaupilze oder Hefepilze. Die mit bloßem Auge gut erkennbaren Vertreter der Schlauch- und Basidienpilze kann man als *Großpilze* bezeichnen; zu ihnen gehören auch die Speise- und Giftpilze, die in unserem Buch dargestellt werden.
Auch die Zahl der Großpilze ist noch sehr bedeutend, und sie ist noch nicht einmal genau bekannt. Allein aus Europa beschreiben die Pilzforscher alljährlich noch neuentdeckte Arten. M. Moser zählt in seiner 1955 erschienenen »Kleinen Kryptogamenflora« allein aus der Gruppe der Röhren- und Lamellenpilze *(Agaricales)* fast 2000 mitteleuropäische Arten auf. Sie verteilen sich auf 118 Gattungen, von denen beispielsweise die winzigen Helmlinge *(Mycena)* in 105 Arten, die farbenschönen Täublinge *(Russula)* in 104 Arten und die durch einen Haarschleier und braune Sporen ausgezeichneten, schwer bestimmbaren Schleierlinge *(Cortinarius)* sogar in wenigstens 350 Arten in unserem Gebiet vorkommen.
Aus den Gruppen der Nichtblätterpilze *(Aphyllophorales)*, der Bauchpilze *(Gasteromycetes)* und der Schlauchpilze *(Ascomycetes)* kommen noch zahlreiche Arten hinzu, und die Gesamtzahl der bei uns vorkommenden Großpilze ist mit etwa 3000 gewiß nicht zu hoch geschätzt. Es gibt keinen Pilzforscher, der diese Formenfülle überschaut, und die Arten mancher Gattungen können nur von wenigen Spezialisten genau bestimmt werden.
Für den Pilzsammler ist nur eine verhältnismäßig kleine Zahl dieser Großpilze von Interesse. Diese eßbaren Pilze muß er von den gefährlichen Giftpilzen sowie von der großen Schar der »ungenießbaren« Arten unterscheiden lernen, wenn er die Pilzjagd erfolgreich und gefahrlos betreiben will.

Die Pilzpflanze und ihre Vermehrung

Wenn eine Spore auskeimt, entsteht aus ihr nicht sofort ein neuer Pilz, sondern ein lockeres, weit verzweigtes, im Erdboden ausgebreitetes Geflecht dünner Fäden, die im auffallenden Licht weißlich aussehen.

Das Myzel. Wenn man etwa in einem Buchenwald an den Standorten von Pilzen vorsichtig die alten Blätter voneinander löst, erkennt

Mehr als 3000 Fruchtkörper der Zungenkeule (Clavariadelphus ligula) wurden am Fuß der Fichte gezählt. Sie alle gehören zum gleichen Myzel

man dies Fadengeflecht, *Mycelium* (kurz »Myzel«) genannt, das oft fast an feine Spinnengewebe erinnert und Fallaub, Nadeln oder Holzstückchen im Waldboden zusammenheftet. Unter dem Mikroskop erscheinen diese Pilzfäden oder *Hyphen* als farblose lange Zellen mit Querwänden.

Die Myzelien sind langlebiger als der eigentliche Pilz. Sie können viele Jahre ausdauern, wie man beispielsweise an Hexenringen sieht, die alljährlich an den gleichen Stellen wieder erscheinen. Unsere Waldböden sind von zahllosen Myzelien verschiedener Pilze durchzogen, von deren Anwesenheit wir nichts ahnen, wenn wir durch den Wald wandern. Nur durch die Bildung von »Pilzen« offenbart sich ein Myzel. Die Myzelien verschiedener Pilze sind einander sehr ähnlich, und es ist kaum möglich, nach den Myzelfäden etwa mit dem Mikroskop zu bestimmen, zu welchem Pilz sie gehören. Ein einziges Myzel kann mehrere bis viele Pilze erzeugen, daher wachsen so viele Pilze in Reihen, Kreisen, Trupps oder großen Herden.

Wie viele Pilze im Boden verborgen als Myzelien auf einer bestimmten Waldfläche leben, kann man nur feststellen, wenn man sie mehrere Jahre lang in allen Jahreszeiten nach erscheinenden Pilzen absucht. Ihre Menge ist auch auf kleinen Flächen bisweilen erstaunlich, und die Zahl der Pilze übertrifft dann die der Blütenpflanzen und Moose ganz erheblich. So wurden auf einer Probefläche von 20 × 70 m Größe in einem Eichen-Hainbuchenwald im Laufe von vier Jahren 135 verschiedene Pilzarten festgestellt, viele von diesen an Dutzenden von verschiedenen Stellen. Auf der gleichen Fläche wuchsen nur 3 verschiedene Bäume, 25 Kräuter und 6 Moose. Die Vegetation dieser Fläche wurde also in Wirklichkeit von den Pilzen beherrscht, obwohl diese während großer Teile des Jahres und auch in Trockenperioden im Herbst völlig unsichtbar waren. Die Myzelien aber waren ständig im Boden vorhanden.

Der Fruchtkörper. Das Myzel ist demnach die eigentliche, ausdauernde Pilzpflanze. Wenn es genügend erstarkt ist und die günstige Jahreszeit mit den nötigen Temperatur- und Feuchtigkeitsbedingungen herangekommen ist, entwickelt das Myzel plötzlich eine ungeheure Aktivität. Kleine weißliche Knötchen im Myzel, die *Fruchtkörperanlagen*, werden intensiv mit Wasser und Nährstoffen versorgt. Die fädigen Hyphen vermehren sich und schließen zu einem dichten, festen Gewebe zusammen. Schließlich durchbricht eine solche Anlage den Erdboden und erscheint als junger Pilz, der in überraschend kurzer Zeit, oft in wenigen Tagen, seine Entwicklung vollenden kann.
Dies meist nur kurzlebige Gebilde, der eigentliche »Pilz«, dient ausschließlich der Vermehrung der Pilzpflanze, während das Myzel, mit großer nährstoffaufnehmender Oberfläche unter dem Boden ausgebreitet, die Ernährung besorgt. Wollte man eine Pilzpflanze etwa mit einer Erdbeerpflanze vergleichen, so könnte man sagen, daß ihre

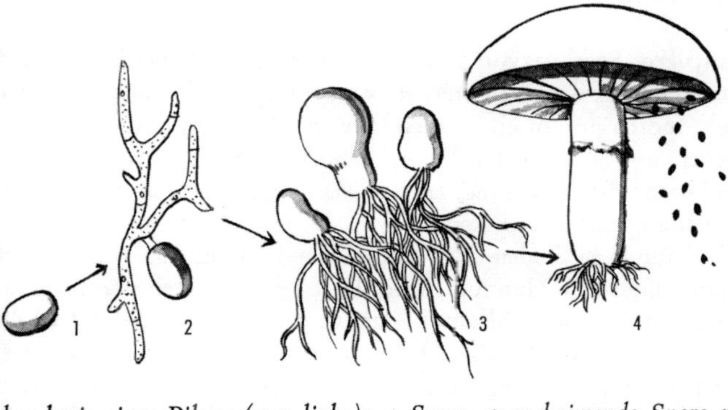

Lebenskreis eines Pilzes (von links): 1 Spore, 2 auskeimende Spore mit Anfängen des Myzels, 3 Myzelgeflecht mit Fruchtkörperanlagen, 4 erwachsener Fruchtkörper, Sporen ausstreuend

Wurzeln und Blätter mit ihrer Ernährungsfunktion dem Myzel entsprechen, die Erdbeerfrüchte aber dem oberirdischen eigentlichen Pilz. Man könnte also die Pilze als Früchte der Pilzpflanze auffassen, und sie werden daher auch als *Fruchtkörper* bezeichnet.
Die Fruchtkörper haben als einzigen Zweck die Erzeugung einer möglichst großen Zahl von Sporen. In allen Fällen – mit Ausnahme der eigentümlichen Stinkmorchel und ihrer Verwandten, wo Insekten für die Verbreitung der Sporen sorgen – werden die Sporen in die Luft abgegeben, wo sie sich infolge ihres minimalen Gewichtes lange Zeit wie Staubkörnchen schwebend halten und schon von schwachen Luftströmungen weithin verfrachtet werden können. Aus dieser Funktion ist auch die bei den Großpilzen häufigste Form des Fruchtkörpers, des *Hutpilzes*, zu verstehen, der aus einem zentralen Stiel und einem darüber ausgebreiteten Hut besteht. Der Stiel dient dazu, den nötigen Abstand vom Erdboden zu schaffen, damit die reifen Sporen beim Ausfallen in den Luftraum gelangen. Die Sporen entstehen, vor Regen geschützt, auf der Unterseite des Hutes.
Wenn man einen Pilzfruchtkörper, in dünnste Scheibchen geschnitten, unter dem Mikroskop untersucht, ist man überrascht, wie gleichartig er im Innern gebaut ist. Die langfädigen Hyphen sind das Grundbauelement und überall mehr oder weniger gleichartig gestaltet. Von all den speziellen Einrichtungen, die wir zum Beispiel im Zweig eines Baumes finden und die dem Transport des Wassers und der Nährstoffe, der Fotosynthese oder der Festigung dienen, finden wir im Pilz nichts. Nur an den Stellen, wo die Sporen gebildet werden, beobachten wir eine stärkere Differenzierung der Gewebe.

Hutpilze. Sehr reizvoll ist es zu beobachten, auf welche Weise die kleine Fläche der Hutunterseite ausgenutzt wird, damit möglichst viele Sporen produziert werden können. Dies wird durch eine Oberflächenvergrößerung der die sporenbildende Schicht tragenden Teile des Fruchtkörpers, des sog. *Hymenophors* erreicht, das in verschiedenen Typen ausgebildet sein kann.
Am häufigsten finden wir schmale und dünne, in Richtung des Radius unter dem Hutkreis angeordnete senkrecht stehende Blättchen, die *Lamellen*, auch »*Blätter*« genannt. An den Seiten der Lamellen entstehen die Sporen. Zu den Pilzen mit solchem Hymenophor gehören Champignons und Knollenblätterpilze, Täublinge, Milchlinge, Ritterlinge und sehr viele andere, die als *Lamellen*- oder *Blätterpilze* zusammengefaßt werden.
Ein zweites Bauprinzip zur Oberflächenvergrößerung stellen genau

Wie ein ausgespanntes Sonnenschirmchen sieht der Hut eines Scheibchentintlings aus. Die schwarzen Sporen sind schon zum größten Teil aus den Lamellen herausgefallen

senkrecht stehende lange *Röhren* dar, die mit rundlichen oder länglichen Poren auf der Hutunterseite münden. Die ganzen Innenwände dieser Röhren sind mit sporenerzeugendem Gewebe ausgekleidet. Solche Röhren sind jedem Pilzfreund vom Steinpilz und seinen Verwandten bekannt, die man als *Röhrenpilze* bezeichnet. Sie finden sich aber auch bei den Porlingen, an Baumstämmen oder Stümpfen wachsenden, meist korkig-zähfleischigen oder holzharten Pilzen mit längerer Lebensdauer, die mit wenigen Ausnahmen nicht eßbar sind. Einen Stiel benötigen die Porlinge nicht, da sie ja ohnehin hoch genug im Luftraum wachsen.

Einen dritten Bauplan sehen wir bei den Pilzen mit stachelförmigem Hymenophor verwirklicht. Man kann sich hier etwa denken, daß von den Röhren eines Röhrlings ein Gipsabdruck hergestellt wäre, der dann zahllose feine *Stachelchen* an Stelle der Röhren zeigen würde. Die Sporen entstehen auf der Außenseite der Stacheln, die den *Stachelpilzen* im weiteren Sinne ihren Namen gegeben haben. Habichtspilz und Semmelstoppelpilz sind als Vertreter dieser Gruppe vielen Pilzsammlern bekannt. Daß solche Baupläne nicht nur einer Verwandtschaftsgruppe zukommen, sondern im Reich der Pilze sozusagen mehrmals erfunden wurden, zeigen die Stacheln auf der Unterseite des merkwürdigen, geleeartig zittrigen Eispilzes, auch Zitterzahn genannt, der nicht selten an morschen Nadelholzstümpfen vorkommt. Er ist mit den Stachelingen gar nicht verwandt.

Andere Fruchtkörperformen. Nicht alle Pilze besitzen indessen einen Hut. Die Korallenpilze haben einen in zahlreiche feine Äste verzweigten Strunk, an denen die Sporen gebildet werden. Bei den

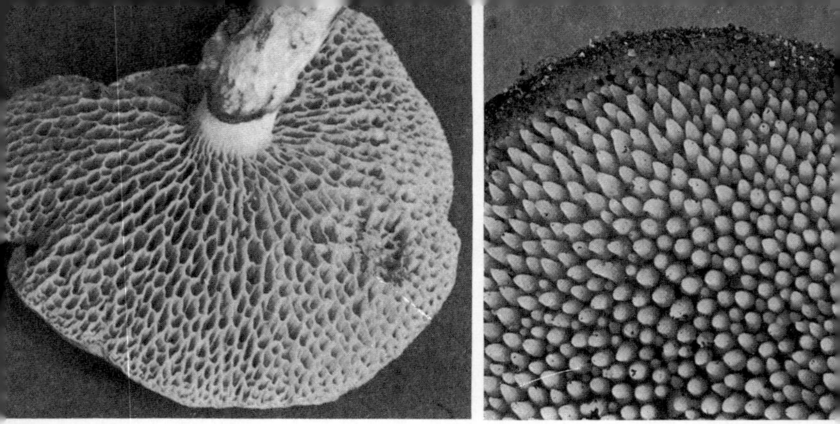

Weite rhombische Röhren hat der seltene Moorröhrling (links). Beim Steinpilz sind die Röhren rundlich und enger. Die weichen Stacheln auf der Unterseite des Zitterzahns sind mit weißem Sporenstaub bedeckt (rechts).

ihnen verwandten Keulenpilzen bildet der Fruchtkörper eine Art von senkrecht stehendem, oben keulig verdicktem Stiel. Die Sporen entstehen an den Außenflächen der Keule. Die Lorcheln und Morcheln besitzen einen Stiel, ihr rundlicher, kegelig-walzlicher oder gelappter Hut ist entweder mit wulstigen Falten oder grubenförmigen Löchern versehen, wiederum ein Weg zur Oberflächenvergrößerung des sie auskleidenden sporenerzeugenden Gewebes. Bei den Becherpilzen reifen die Sporen auf der ganzen Innenseite des schüsselförmigen Fruchtkörpers.

Grundsätzlich anders verläuft die Sporenbildung bei den rundlichen oder knollenförmigen Bauchpilzen, etwa bei den Bovisten und ebenso bei den unterirdisch lebenden Trüffeln. Hier entstehen die Sporen im Innern der Fruchtkörper, der sich erst durch ein Loch öffnen oder aufplatzen muß, damit die Sporen ins Freie gelangen können.

Die Sporenbildung. Von den Großpilzen gehört ein kleinerer Teil zu den Schlauchpilzen, wie die Lorcheln und Morcheln, die Becherlinge und die Trüffeln; die übrigen Großpilze sind Basidienpilze.

Die *Schlauchpilze (Ascomycetes)* haben alle, so verschieden sie auch äußerlich aussehen, eine im wesentlichen einheitlich gebaute *Sporenmutterzelle*, das ist die Zelle, in der die Sporen gebildet werden. Sie ist ein langgestrecktes zylindrisches bis keuliges Gebilde und wird als *Schlauch* oder *Ascus* bezeichnet. Der ursprüngliche Zellkern teilt sich meist in drei Teilungsschritten, wodurch zunächst 2, durch deren

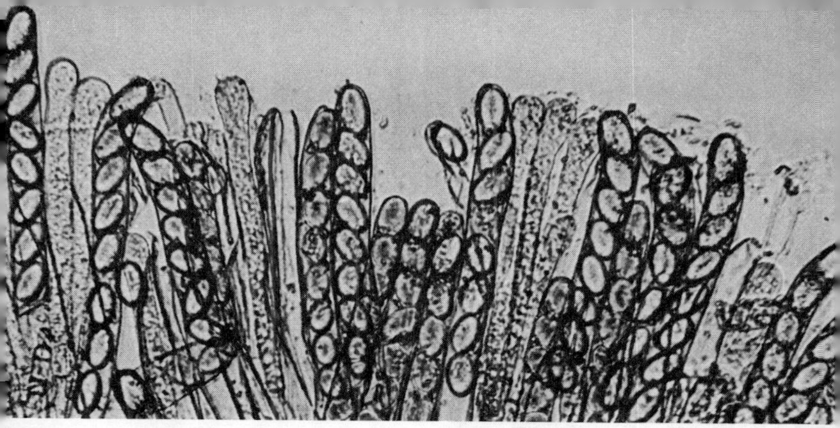

Schlauchzellen einer Spitzmorchel, je 8 Sporen enthaltend. Die schmalen, keulig verdickten Zellen mit körnigem Inhalt sind Safthaare oder Paraphysen

Teilung 4 und bei der letzten Teilung insgesamt 8 Tochterkerne entstehen. Jeder von diesen umgibt sich schließlich, mit etwas Plasma der Mutterzelle versehen, mit einer Wand und bildet eine Spore. Nach der Reife gelangen die Sporen durch eine Öffnung an der Spitze des Schlauches ins Freie, oft werden sie unter Druck ausgeschleudert. Die Schlauchzellen bekleiden in riesiger Zahl die Falten, Furchen und Gruben der Lorcheln und Morcheln oder die Innenwand eines Becherlings, sie bilden eine dünne, zusammenhängende Zellschicht, ein *Hymenium.*

Die Sporenmutterzelle der *Basidienpilze (Basidiomycetes)*, die *Basidie*, ist kugelförmig oder keulig-kurzzylindrisch, an ihrer Spitze sitzen meist vier (seltener zwei) kurze Fortsätze, die wie kleine Hörner aussehen, die *Sterigmen*. Durch diese wandern nach der zweifachen Teilung des Mutterkerns der Basidie die vier Tochterkerne und wachsen dann, gewaltig anschwellend, auf den Spitzen der Sterigmen zu den vier Sporen aus. Bei der Reife lösen sie sich von selbst von den Sterigmen oder werden abgeschleudert. Daher sind die Basidien so angeordnet, daß die Sporen frei nach unten ausfallen können. Sie bilden, in ungeheurer Zahl beisammenstehend, ein Hymenium, und ragen von den Seitenflächen der Lamellen in den Zwischenraum zwischen diesen vor, bei den Röhrenpilzen ins Innere der senkrecht stehenden Röhren. Wenn man eine Lamelle unters Mikroskop legt, erkennt man die Basidien an den ihnen in regelmäßigen Vierergrüppchen aufsitzenden Sporen.

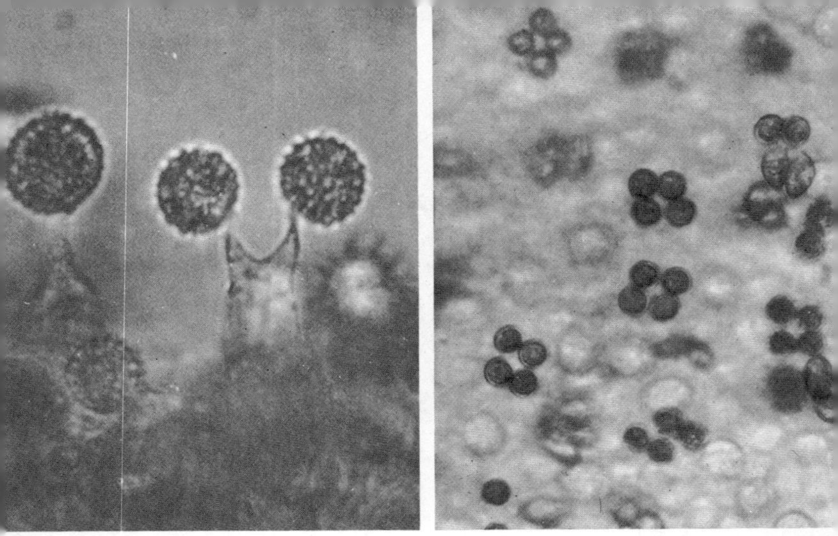

Basidien im Mikroskop: links 2sporige Basidie eines Lackpilzes mit stachlig-runden Sporen, seitlich gesehen; rechts Vierergruppen von auf den Basidien sitzenden Sporen des Heuschnittpilzes

Die Sporen. Pilzsporen sind so klein, daß sie selbst bei Lupenbetrachtung nicht mehr einzeln sichtbar sind, man benötigt schon eine 500–1000fache mikroskopische Vergrößerung, um ihre Gestalt und Ausbildung zu erkennen. Die meisten Pilzsporen haben eine Größe von etwa 5–12 Tausendstelmillimeter, doch gibt es noch kleinere; 50–100 Tausendstelmillimeter Länge stellen seltene Riesenmaße dar.
Die Kleinheit der Sporen gestattet ihre Produktion an einem einzigen Pilz in ungeheuren Mengen. Auf 1 Quadratmillimeter Lamellenfläche eines Champignons hat man 33265 Basidien gezählt, die je vier Sporen und damit insgesamt 133060 Sporen bildeten. Während der Reife fallen in jeder Sekunde Tausende von Sporen aus, beim Champignon errechnete man ungefähr 40 Millionen abgestoßene Sporen in der Stunde, beim Schopftintling waren es sogar 100 Millionen.
Den Rekord in der Sporenproduktion aller Pilze, ja vermutlich die riesigste potentielle Vermehrungsziffer aller Lebewesen überhaupt, dürfte der Riesenbovist besitzen, der zuweilen auf Kulturland, sogar in Gärten gefunden wird und durch seine ungewöhnliche Größe (bis zu einem halben Meter Durchmesser) Aufsehen erregt. Das gesamte Innere ist zuletzt mit staubfeinen, winzigen und runden, nur etwa 4–5,5 Tausendstelmillimeter breiten Sporen ausgefüllt, deren Zahl

man auf 10 Billionen berechnet hat – eine Ziffer, die jenseits unseres Vorstellungsvermögens liegt.
Hier erhebt sich die Frage, wo alle diese ungeheuren Mengen von Pilzsporen bleiben. Es wäre ja kaum auszudenken, was geschähe, wenn nur die Sporen eines einzigen solchen Riesenbovistes alle wieder einen Pilz ergäben! Die meisten Pilzsporen keimen überhaupt nicht, sie sind zum Teil kurzlebig und brauchen sehr spezifische Keimungsbedingungen, die offenbar nur selten gegeben sind. Im Labor gelingt es nur bei bestimmten Arten, Sporen zum Keimen und das Myzel zum Wachsen zu bringen, bei sehr vielen Pilzen überhaupt nicht. Auch wird gewiß nicht jedes Pilzmyzel so günstige Lebensbedingungen antreffen, daß es in die Lage kommt, Fruchtkörper zu erzeugen.
Die Größe und Form der Sporen ist bei den einzelnen Pilzarten sehr konstant, was um so mehr überrascht, als ja die Variationsbreite der übrigen Merkmale der Pilze, wie Größe, Gestalt und Färbung der Fruchtkörper, häufig recht erheblich ist. Zur Bestimmung der Pilzarten geben daher diese mikroskopischen Sporenmerkmale wichtige Hinweise.

Sporenfarben und Sporenabdrücke. Auch der Speisepilzsammler, der nicht wissenschaftlich interessiert ist, sollte etwas von den Pilzsporen wissen. Eine Eigenschaft der Pilzsporen, die Farbe, ist nämlich bei Lamellenpilzen leicht feststellbar, und gewiß wären die meisten tödlichen Vergiftungen mit Knollenblätterpilzen vermieden worden, wenn die betreffenden leichtsinnigen Sammler etwas über die Zusammenhänge zwischen Lamellen- und Sporenfärbung bei Champignons und Knollenblätterpilzen gewußt hätten. Reife Pilzsporen sind entweder farblos oder in vielen Tönungen gelblich, rötlich, braun, violett oder schwarz gefärbt.
Wenn die Sporen in Massen ausgefallen sind, ist ihre Färbung leicht zu erkennen. Jeder Anfänger in der Pilzkunde sollte einmal die Hüte verschiedener frisch gesammelter Lamellenpilze abschneiden und mit den Lamellen nach unten auf einen Bogen weißes Papier legen, vor Luftzug geschützt durch eine darüber gedeckte Schüssel oder ähnliches. Nach einigen Stunden oder am folgenden Tag haben die Pilze auf dem Papier verschiedenfarbige Abdrücke hinterlassen. Man wird dann sehr rasch lernen, daß beispielsweise die Stockschwämmchen rostbraune, ihre Doppelgänger, die Schwefelköpfe, dunkelviolette Sporen haben, Champignons stets dunkelbraun-schwarze, Fliegenpilze und Knollenblätterpilze aber immer rein weiße Sporen. Diese sind in Wirklichkeit farblos, sehen aber in Masse ausgefallen weiß aus. Man

erkennt sie am besten, wenn man den Sporenabdruck auf schwarzem Papier entstehen läßt.
Durch die Sporenfärbung wird auch die charakteristische Farbe der Lamellen bei den verschiedenen Blätterpilzen verständlich. Champignons haben nie weiße Lamellen, sondern schon von Anfang an grauweißliche oder graurötliche, bei einigen Arten schön rosa Lamellen, die bei zunehmender Reifung der Sporen immer brauner und zuletzt braunschwarz werden. Knollenblätterpilze aber mit farblosen Sporen behalten bis zuletzt rein weiße Lamellen.
Die Kenntnis der Sporenfarben ist eines der sichersten Mittel zur Unterscheidung der Lamellenpilzgattungen, und niemand wird es gelingen, sich in ihrer Formenfülle zurechtzufinden, ohne sich dieser Hilfe zu bedienen.

Wann wachsen die Pilze?

Sicherlich macht die erwartungsvolle Ungewißheit, ob überhaupt und wie viele Pilze man finden wird, einen großen Reiz der Pilzjagd aus. Viele Pilzgänge ergeben nur ein sehr mageres Resultat, aber immer hofft man doch auf eine märchenhafte Riesenbeute edler Speisepilze, die man irgendwann einmal machen könnte. Tatsächlich kommt dann überraschend und unerwartet auch einmal ein solcher Glückstag. Selbst der erfahrene und revierkundige Pilzsammler kann nie genau voraussagen, was er finden wird. Pilze sind launisch in ihrem Auftreten.

Pilze und Witterung. Die Fruchtkörperbildung der Pilze hängt von äußeren Faktoren, insbesondere Feuchtigkeit und Wärme ab. In der Hauptpilzzeit, im September, wird man, sofern keine Trockenperiode herrscht, immer irgendwelche Pilze finden. Wirklich gute Pilzjahre sind aber nicht häufig. Es ist auch kaum möglich, nach dem Wetterablauf der vergangenen Wochen mit Sicherheit vorauszuberechnen, welche Pilze und in welcher Menge sie erscheinen werden. Jahrelange Beobachtungen von Wissenschaftlern haben gezeigt, daß der Klimaablauf des ganzen Jahres darauf einwirkt, ob es im Herbst viele Pilze geben wird, möglicherweise sogar auch die Verhältnisse im Vorjahr. Zwei außergewöhnlich gute Pilzjahre folgen im gleichen Gebiet kaum jemals aufeinander, nach sehr üppiger Fruktifikation benötigen die Myzelien vielleicht eine Frist zur Wiedererstarkung. Trotz aller Erfahrungen aus früheren Jahren ist es ebenso schwer, eine gute Pilzernte vorauszusagen wie etwa eine langfristige Wetterprognose aufzustellen.

Die einzelnen Pilze haben auch oft recht verschiedene Ansprüche an die Witterungsverhältnisse. So wächst der vielbegehrte Wiesenchampignon (S. 100) in gleichmäßig feuchten Jahren, in denen andere Pilze gut gedeihen, nur spärlich oder bleibt völlig aus. In warmen und trockenen Jahren aber, wenn nach längerer Dürre plötzlich Regen einsetzt, erscheint er schlagartig in großer Zahl auf den Viehweiden. Plötzliches Massenauftreten einer Pilzart ist auch bei anderen Schwämmen bekannt. Der Hallimasch (S. 113) pflegt alljährlich im Herbst gleichzeitig in großen Gebieten in ungeheuren Mengen auf den Baumstümpfen zu erscheinen, ein oder zwei Wochen lang dominiert er dann im Pilzaspekt der Wälder. Aber man kann das Datum seines Erscheinens nie exakt vorhersagen, die Massenvegetation kann irgendwann im September oder Oktober einsetzen, meist allerdings um den Monatswechsel herum.

Pilz-Kalender. In bestimmten Grenzen ist aber das Erscheinen der einzelnen Speise- und Giftpilze innerhalb des Jahres festgelegt, und man kann einen Kalender (S. 22) aufstellen, der darüber Aufschluß gibt, welche Pilze im Frühling, Sommer, im frühen oder späten Herbst oder gar noch im Winter wachsen und wie lange etwa mit ihrem Auftreten zu rechnen ist. Man erkennt aus der folgenden Übersicht, daß beispielsweise die Frühlorchel und die Speisemorchel (S. 156) ausgesprochene Frühlingspilze sind. Auch Stockschwämmchen und Grünblättriger Schwefelkopf (S. 116) können bei warmem Frühlingswetter schon im April auftreten, obgleich ihre eigentliche Jahreszeit der Herbst ist. Man kann sie sogar gelegentlich in milden Wintern antreffen.
Ein gefährlicher Giftpilz, der Ziegelrote Rißpilz (S. 119), erscheint schon von Ende Mai bis Anfang Juli und zeigt sich in der Hauptpilzzeit nur selten. So früh sind nur wenige Pilzsammler unterwegs, sonst würde der weiße Pilz zweifellos noch häufiger mit Champignons verwechselt werden und Vergiftungen verursachen.
In den Sommermonaten Juli und August sind Pfifferlinge, Steinpilze und Champignons anzutreffen, wenn die Witterung günstig ist. Aber auch der gefährlichste Giftpilz, der Grüne Knollenblätterpilz, zeigt sich bereits. Im September erreichen die meisten Speisepilze den Höhepunkt ihres Auftretens. Oktober und November bringen Nachzügler, besonders Vertreter aus den Gattungen der Ritterlinge und Trichterlinge. Noch später bilden Austernseitling und Winterrübling ihre Fruchtkörper aus. Sie vertragen geringen Frost und gedeihen in milden Wintern oft noch in den ersten Monaten des nächsten Jahres.

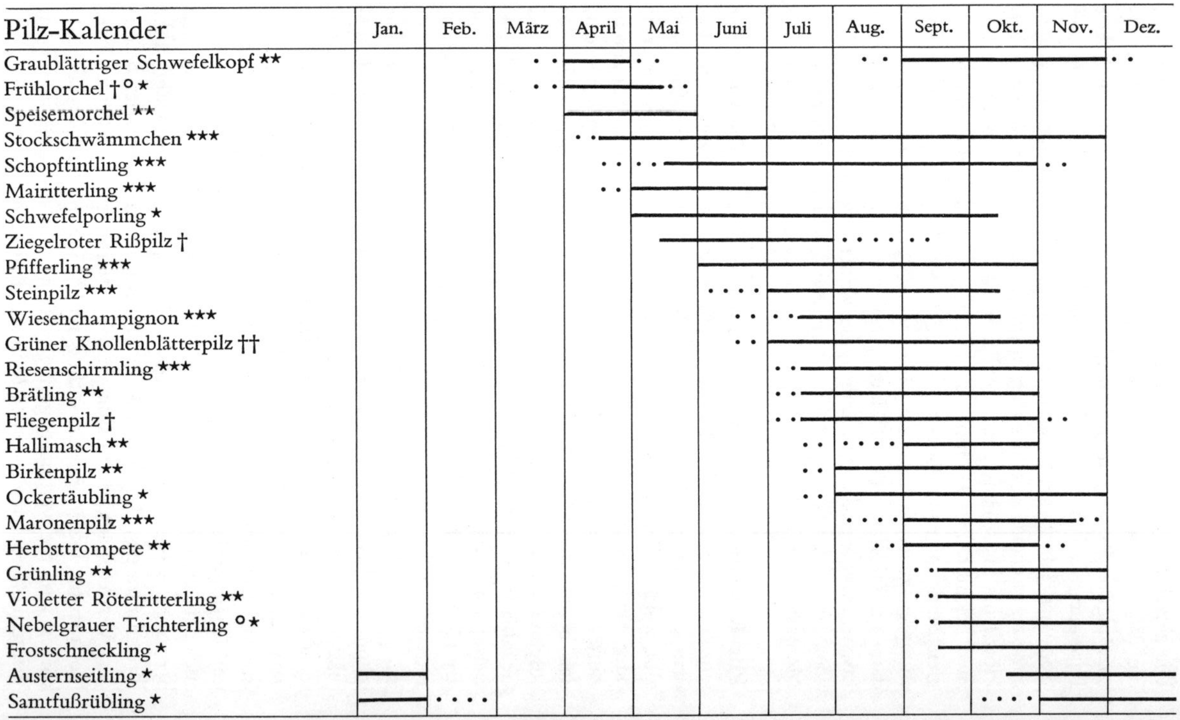
Pilz-Kalender
Jan.
Feb.
März
April
Mai
Juni
Juli
Aug.
Sept.
Okt.
Nov.
Dez.
Graublättriger Schwefelkopf **
Frühlorchel †° *
Speisemorchel **
Stockschwämmchen ***
Schopftintling ***
Mairitterling ***
Schwefelporling *
Ziegelroter Rißpilz †
Pfifferling ***
Steinpilz ***
Wiesenchampignon ***
Grüner Knollenblätterpilz ††
Riesenschirmling ***
Brätling **
Fliegenpilz †
Hallimasch **
Birkenpilz **
Ockertäubling *
Maronenpilz ***
Herbsttrompete **
Grünling **
Violetter Rötelritterling **
Nebelgrauer Trichterling °*
Frostschneckling *
Austernseitling *
Samtfußrübling *

Wie ernähren sich die Pilze?

Champignonzüchter verwenden von alters her den Dünger von Pferden, der in bestimmter Weise vorbereitet oder kompostiert wird. Aus diesem Material werden dann die unterirdischen Beete bereitet und mit Champignonbrut, vorgezogenem Myzel, geimpft. Das Nährmaterial, aus dem die Champignons ihre eigenen Körperstoffe aufbauen, sind das Stroh, das mit dem Dünger vermischt ist, sowie unverdaute Reste von Heu, Hafer und anderen Futtermitteln. Der Dünger liefert dazu Nährsalze in reichlicher Menge, besonders Stickstoffsalze, deren der Champignon besonders bedarf.
In der heutigen Zeit, in der Motorfahrzeuge (Traktoren) die Pferde immer mehr verdrängt haben, steht nicht mehr genügend Pferdedung für die Champignonzucht zur Verfügung. Man benutzt daher in steigendem Maße »synthetischen Kompost«, der bereitet wird, indem man Weizenstroh, Sägemehl oder anderem Rohmaterial bestimmte organische Stoffe sowie Nährsalze zusetzt.

Saprophyten. Ähnlich leben auch die meisten der vielen Speise- oder Giftpilze im Wald, sie verzehren das Fallaub, die Nadelstreu, abgefallene Zweige und Baumstümpfe und fördern dadurch deren Verwesung. Man bezeichnet sie als Fäulnisbewohner oder Saprophyten. In gleichmäßiger Waldstreu können sich die Myzelien ungehindert ausbreiten, die Fruchtkörper erscheinen oft in großen Scharen oder in Kreisen, den *Hexenringen*. Mit ihrer Entstehung verband man früher, bis in die Neuzeit hinein, abergläubische Vorstellungen, doch ist die Erklärung natürlich und einfach. Hexenringe entstehen, wenn ein Myzel von einem Punkt aus seinen Ausgang nimmt und gleichmäßig in alle Richtungen weiterwächst. Die Fruchtkörper bilden sich am äußeren Rand des Ringes; durch Weiterwachsen des Myzels erhält ein solcher Hexenring von Jahr zu Jahr größeren Durchmesser.

Parasiten. Nicht alle Pilze begnügen sich aber mit dem Verzehren toter Pflanzenreste. Der Gärtner weiß, daß Schnitt- und Wundstellen von Obstbäumen sorgfältig verschmiert werden müssen, um das Eindringen von Sporen parasitischer Pilze zu verhüten. Sie greifen die lebenden Pflanzenzellen an, rufen im Holz eine Fäulnis hervor und können zuletzt den befallenen Baum abtöten. Apfelbäume werden vom Gemeinen Feuerschwamm oder vom Sparrigen Schüppling (S. 114) angegriffen, Pflaumenbäume vom Pflaumenfeuerschwamm oder vom Schwefelporling (S. 147) und Stachel- und Johannisbeerbüsche vom Strauchporling. Im Wald sind der Zunderschwamm an Buchen, der Hallimasch (S. 113) in jungen Nadelholzkulturen und der Wurzelschwamm in Fichtenwäldern gefährliche Parasiten, die großen Schaden anrichten können.

Mykorrhiza. Der Birkenröhrling oder Birkenpilz (S. 76) wächst, wie jeder Pilzsammler weiß, nur unter Birken. Trifft man ihn einmal unter anderen Laub- oder Nadelbäumen, so wird man bei genauem Absuchen der Umgebung immer eine Birke finden, wenn auch oft nur klein oder in einiger Entfernung. Das gleiche gilt für den Birkenreizker (S. 128) und andere Pilze, und ebenso haben alle anderen Waldbäume ihre bestimmten Begleitpilze.

Diese offensichtlichen Bindungen zwischen Baum und Pilz haben schon lange die Aufmerksamkeit der Botaniker erregt, und man hat herausgefunden, daß es sich hier um eine Symbiose, also eine Lebensgemeinschaft zum Vorteil beider Partner, handelt. Diese Symbiose höherer Pflanzen mit Pilzen bezeichnet man als Mykorrhiza. Einen sinnvollen deutschen Namen dafür gibt es nicht, denn die wörtliche Übersetzung dieser griechischen Bezeichnung bedeutet »Pilzwurzel«. »Verpilzte Wurzel« wäre treffender: nach vorsichtigem Ausgraben der Wurzelspitzen der Waldbäume kann man schon mit der Lupe und genauer mit dem Mikroskop feststellen, daß sie von einem dichten Mantel aus Pilzhyphen umgeben sind, die zum Teil auch in die Zellen des Baumes eindringen können. Wurzelhaare, die sonst die Aufgabe haben, Wasser und Bodensalze aufzusaugen, bilden solche verpilzten Baumwurzeln gar nicht mehr aus, ihre Arbeit wird von der Pilzpflanze übernommen. Dazu erhält der Baum vom Pilz bestimmte chemische Stoffe, wenn auch nur in geringer Menge, die dem Wachstum des Baumes förderlich sind; man nennt sie *Wuchs-* oder *Wirkstoffe*. Vor allem auf sauren, humusreichen und nährstoffarmen Böden gedeihen die Waldbäume ohne diese Hilfe durch den Pilz nur kümmerlich, wie man durch Versuchskulturen von Waldbäumen mit und ohne Pilzmyzel auch experimentell bewiesen hat. Hieraus ergibt sich eine große Bedeutung der Waldpilze für das Wachstum der Bäume, die inzwischen auch von der Forstwissenschaft in vollem Umfang erkannt worden ist. Die Mykorrhiza erfährt sogar schon praktische Nutzanwendung, indem man beispielsweise bei schwierigen Aufforstungen in Hochlagen der Gebirge Pilzmyzel in die Pflanzlöcher junger Nadelbäume gibt. Auch die Pilzsammler sollten diese Dinge wissen und nie sinnlos Pilze zertreten oder umstoßen, nur weil sie nicht für den Kochtopf geeignet sind.

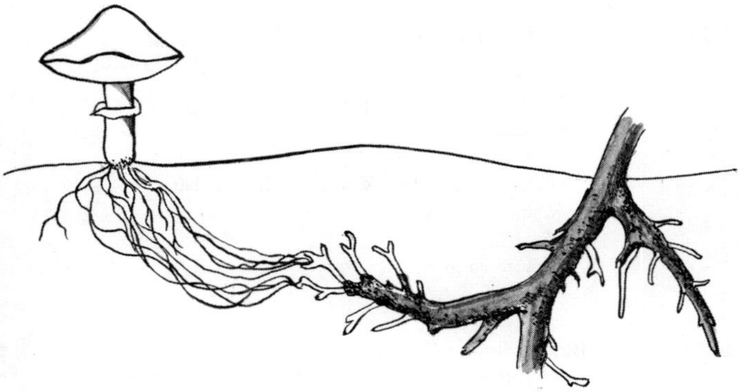

So etwa sieht eine Mykorrhiza aus: Das Pilzmyzel ist mit den Wurzeln eines Baumes verbunden

Der Vorteil des Pilzes bei der Mykorrhiza besteht darin, daß er auch seinerseits von seinem Baum, mit dem er zusammenlebt, Nährstoffe erhält, Assimilationsprodukte oder auch Wirkstoffe, ohne die er nicht leben und Fruchtkörper bilden kann.

Zahlreiche Speise- und Giftpilze, oft sogar die Mehrzahl der Arten, die wir in einem Walde antreffen, sind Mykorrhizapilze. Vor allem die Röhrlinge, Täublinge, Milchlinge, Ritterlinge, Schleierlinge und Knollenblätterpilze sind zum überwiegenden Teil Symbiosepartner von Waldbäumen. Nicht immer ist die Bindung so eng wie beim Birkenpilz, der nur mit Birken wächst, beim Goldröhrling, der nie ohne Lärche gefunden wird, oder beim Frostschneckling, der nur mit Kiefern zusammenleben kann. Fliegenpilze bilden Mykorrhizen mit Birken, Fichten und Kiefern, und der Steinpilz nimmt es noch weniger genau und kann unter den verschiedensten Laub- und Nadelbäumen gedeihen.

Eine Übersicht (S. 26) soll dem Pilzsammler zeigen, welche Mykorrhiza-Pilze er etwa unter den häufigen Waldbäumen erwarten kann. Die Liste ist natürlich nicht vollständig. Im übrigen ist zu berücksichtigen, daß Pilze auch dadurch an bestimmte Baumarten gebunden sein können, daß sie – obwohl nicht Mykorrhizen bildend – mit Vorliebe oder sogar ausschließlich von den toten Blättern oder Nadeln dieser Holzgewächse leben. Auch die Bewohner von Baumstümpfen können auf einzelne Holzarten oder wenigstens auf Laub- oder Nadelholz spezialisiert sein.

Einige Mykorrhizapilze unserer Waldbäume

★★★	hervorragender Speisepilz
★★	guter Speisepilz
★	eßbar
o★	nach besonderer Vorbehandlung eßbar
o	ungenießbar
†	giftig
††	tödlich giftig

BIRKE:	Birkenröhrling (Leccinum scabrum)	★★
	Heiderothäubchen (Leccinum testaceo-scabrum)	★★
	Grasgrüner Täubling (Russula aeruginea)	★
	Moortäubling (Russula claroflava)	★★
	Verblassender Täubling (Russula exalbicans)	o
	Birkenreizker (Lactarius torminosus)	o
	Blasser Zottenreizker (Lactarius pubescens)	o
	Olivbrauner Milchling (Lactarius torminosus)	o
	Kleiner Duftmilchling (Lactarius glyciosmus)	o★
	Graufleckender Milchling (Lactarius vietus)	o
	Fliegenpilz (Amanita muscaria)	†
	Gelbbrauner Ritterling (Tricholoma flavobrunneum)	o
EICHE:	Hasenröhrling (Gyroporus castaneus)	★★
	Speisetäubling (Russula vesca)	★★★
	Schwarzroter Täubling (Russula atropurpurea)	o
	Camemberttäubling (Russula sororia)	o
	Eichenreizker (Lactarius quietus)	o
	Grüner Knollenblätterpilz (Amanita phalloides)	††
BUCHE:	Satansröhrling (Boletus satanas)	†
	Zinnobertäubling (Russula lepida)	o
	Lilagrüner Täubling (Russula cyanoxantha)	★★
	Rosentäubling (Russula rosea)	★
	Gallentäubling (Russula fellea)	o
	Rotstieliger Ledertäubling (Russula olivacea)	★★★
	Graugrüner Milchling (Lactarius blennius)	o
	Süßlicher Milchling (Lactarius subdulcis)	o★
	Grüner Knollenblätterpilz (Amanita phalloides)	††
	Elfenbeinschneckling (Hygrophorus eburneus u. a.)	★
	Runzelschleimfuß (Myxacium elatius)	★
HAINBUCHE:	Hainbuchenröhrling (Leccinum carpini)	★★
	Gebänderter Milchling (Lactarius circellatus)	o

PAPPELN:	Espenrotkappe (Leccinum aurantiacum)	**
	Härtlicher Röhrling (Leccinum duriusculum)	**
	Rosascheckiger Milchling (Lactarius controversus)	o
	Pappelritterling (Tricholoma populinum)	o
ERLE:	Erlenmilchling (Lactarius obscuratus)	o
	Tellermilchling (Lactarius tabidus)	o
	Erlenwasserkopf (Hydrocybe alnetorum)	o
HASEL:	Hainbuchenröhrling (Leccinum carpini)	**
	Brennender Milchling (Lactarius pyrogalus)	o
KIEFER:	Kiefernsteinpilz (Boletus pinicola)	***
	Gallenröhrling (Tylopilus felleus)	o
	Butterröhrling (Suillus luteus)	**
	Körnchenröhrling (Suillus granulatus)	**
	Sandröhrling (Suillus variegatus)	*
	Kuhröhrling (Suillus bovinus)	*
	Maronenröhrling (Xerocomus badius)	***
	Kupferroter Schmierling (Gomphidius rutilus)	*
	Apfeltäubling (Russula paludosa)	*
	Orangeroter Graustieltäubling (Russula decolorans)	**
	Tränentäubling (Russula sardonia)	o
	Kiefernblutreizker (Lactarius deliciosus)	***
	Fliegenpilz (Amanita muscaria)	†
	Echter Ritterling, Grünling (Tricholoma equestre)	**
	Frostschneckling (Hygrophorus hypothejus)	*
FICHTE:	Steinpilz (Boletus edulis)	***
	Maronenröhrling (Xerocomus badius)	***
	Gallenröhrling (Tylopilus felleus)	o
	Großer Schmierling (Gomphidius glutinosus)	*
	Wieseltäubling (Russula mustelina)	**
	Ockertäubling (Russula ochroleuca)	o*
	Stachelbeertäubling (Russula queletii)	o
	Fichtenblutreizker (Lactarius semisanguifluus)	*
	Fliegenpilz (Amanita muscaria)	†
	Olivbrauner Schneckling (Hygrophorus olivaceo-albus)	*
LÄRCHE:	Goldröhrling (Suillus grevillei)	**
	Grauer Lärchenröhrling (Suillus aeruginascens)	*
	Rostroter Lärchenröhrling (Suillus tridentinus)	*
	Hohlfußröhrling (Boletinus cavipes)	*
	Gefleckter Schmierling (Gomphidius maculatus)	*
	Lärchenritterling (Tricholoma psammopus)	o
	Lärchenschneckling (Hygrophorus lucorum)	*

Wo wachsen die Pilze?

Unter *Pflanzensoziologie* versteht man die Lehre von den Pflanzengesellschaften. Eine Mähwiese, eine Viehweide, eine Heide, ein Röhricht, ein Hochmoor sind Pflanzengesellschaften, ebenso die verschiedenen Laub- und Nadelwälder. Jede Gesellschaft setzt sich aus bestimmten Pflanzenarten zusammen, von denen manche strenger an sie gebunden sind (Kennarten), die übrigen aber auch in andersartigen Gesellschaften vorkommen können (Begleiter).
Welche der vielen Pflanzengesellschaften sich jedoch an einem bestimmten Ort entwickelt, wird bestimmt durch das Zusammenwirken zahlreicher Faktoren, insbesondere des geologischen Untergrundes, auf dem sich der die Pflanzen tragende Boden bildet, mit all seinen chemischen und physikalischen Eigenschaften sowie durch alle die Faktoren, die das lokale Klima eines Ortes ausmachen, wie Niederschlag, Bodenfeuchtigkeit, Verdunstung, Wärme, Beschattung, Exposition (Sonnen- oder Schattenhang) und andere.
Innerhalb eines klimatisch gleichartigen Gebietes finden sich immer wieder an Orten mit gleichen Standortsgegebenheiten gleiche oder ähnliche Pflanzengesellschaften ein. Die ursprünglichen natürlichen Pflanzengesellschaften sind durch den Menschen und seine Haustiere oft weitgehend verändert oder völlig verdrängt worden und haben künstlichen, anthropogenen Pflanzenverbänden Platz gemacht. Auch unsere Wälder sind nur noch teilweise natürlich und vielfach durch Kunstforsten ersetzt.

Pilze in Pflanzengesellschaften. Alle die verschiedenen Pflanzengesellschaften, mehrere Hundert in Mitteleuropa, haben auch ihre besonderen Pilze, sofern sie überhaupt Pilzen eine Lebensmöglichkeit bieten können. Pilze haben die verschiedenartigsten, oft sehr spezialisierten Standortansprüche. Sie sind meist sehr empfindlich für die Bodenazidität, also für die saure oder basische Reaktion des Untergrundes. Manche Pilze verlangen stickstoffhaltigen Boden.
Sehr verschieden sind die Ansprüche an Wärme und Feuchtigkeit. Von den engen Bindungen der Mykorrhizapilze an bestimmte Waldbäume war im vorhergehenden Kapitel schon die Rede. Es gibt Pilze, die nur in Sanddünen, nur zwischen Torfmoosen in Mooren, nur auf Fichtennadeln, auf Efeublättern, Farnstengeln oder Birkenholz wachsen, und Spezialisten, deren Vorkommen auf Holzkohle, lebende oder tote Pilze, Tierdünger, tote Insekten oder die Hornsubstanz von Pferde- oder Rinderhufen beschränkt ist.

In diesem Buchenwald gibt es verschiedenartige Lebensmöglichkeiten für Pilze: 1 an sterbender alter Buche (Zunderschwamm, Austernpilz, Ringrübling und Goldfellschüppling), 2 an gefallenem Ast (Hallimasch, Zunderschwamm u. a.), 3 auf Brandstelle (Kohlenrüblinge), 4 im Fallaub (Hexenring von Trichterlingen), 5 Schmarotzerröhrling auf Kartoffelbovist, 6 unter dem Erdboden (Trüffeln), 7 Begleitpilze einer jungen Fichte (Fliegenpilze), 8 an Buchenstümpfen (Hallimasch, Porlinge), 9 in Moospolstern (Mooshäublinge), 10 bodenbewohnende, von Bäumen unabhängige Pilze (Lorchel, Becherling), 11 Mykorrhizapilze der Buchen (Steinpilz, Täublinge)

Die Pilze fügen sich weitgehend in den Rahmen der größeren Pflanzengesellschaften, insbesondere der Waldgesellschaften, ein. Nicht selten bilden sie aber auch besondere, das gleiche Nährsubstrat bewohnende, nur aus Pilzen bestehende Kleingesellschaften innerhalb einer großräumigen Waldgesellschaft. In der Zeichnung (S. 29) ist dargestellt, wie sich beispielsweise auf dem gleichen Waldstück verschiedene Pilzgesellschaften zusammenfinden können, die in ihrer Gesamtheit den Pilzbestand des Buchenwaldes ausmachen.

So wie die Kräutervegetation etwa in einer Wiese ein jahreszeitlich verschiedenes Gesicht zeigt, indem die Frühlingsblumen von den Sommerblumen und diese von den Herbstblumen abgelöst werden, so wechselt auch der Pilzbestand eines Waldes im Laufe des Jahres erheblich. Eine bestimmte Buchenwaldfläche kann zum Beispiel im April und Mai nur von einigen Schlauchpilzen und baumstumpfbewohnenden Lamellenpilzen, wie Dachpilz, Stockschwämmchen und Schwefelkopf, besiedelt sein. Im Juni kann plötzlich etwa der Waldfreundrübling massenhaft auftreten, im Juli–August wiederum kann das gleiche Waldstück bunt sein von verschiedenen Täublingen. Im September können Rotfußröhrling, Steinpilz und Hexenröhrling für kurze Zeit das Bild bestimmen, während vom Oktober an bis zu den ersten Nachtfrösten Fallaubbewohner, wie Nebelgrauer Trichterling und Violetter Rötelritterling, neben zahlreichen anderen kleinen Saprophyten das Feld beherrschen. Man bezeichnet diese verschiedenen Erscheinungsbilder als *Pilzaspekte*.

Für den praktischen Pilzsammler ist die Kenntnis von der Zugehörigkeit der Pilze zu bestimmten Pflanzengesellschaften, besonders den Waldgesellschaften, von großem Nutzen. Die Standorte der Speise- und Giftpilze können auf diese Weise sehr viel genauer bestimmt werden als durch die in früheren Pilzbüchern meist benutzte, wenig aussagende Angabe »in Laub- oder Nadelwäldern«.

Den folgenden kurzen Darstellungen der Pilzflora einiger der wichtigsten Waldgesellschaften und anderer Standorte kann der Pilzfreund entnehmen, auf welche Speise- und Giftpilze er dort besonders zu achten hat. Hier ist aber zu berücksichtigen, daß natürlich jede andere Mischung von Bäumen in einem Wald eine andere Pilzflora bedingt, denn jede Holzart bringt ihre Begleitpilze mit.

Kiefernwälder auf Sandboden. In vielen Gegenden Deutschlands bedecken einförmige Kiefernwälder weitflächige Sandablagerungen, auf den Altmoränenböden oder Sandern des norddeutschen Tieflandes, auf den Mittelterrassen des Niederrheins, in Nordbayern im Gebiet von Nürnberg und an manchen anderen Orten. Fast stets sind die Kiefernbestände gepflanzt, vielfach auch dort, wo der Baum ursprünglich nicht einheimisch ist, wie etwa in Nordwestdeutschland.

Moos- und flechtenreiche Kiefernwälder sind ideale Sammelgebiete mit vielen guten Speisepilzen, hier im Vordergrund Orangerote Graustieltäublinge

Dort hat man ehemalige Eichen-Birkenwälder oder Heidegebiete mit Kiefern aufgeforstet. Je nach der Ausbildung des Untergrundes haben diese äußerlich so einheitlich erscheinenden Forsten doch recht verschiedene Bodenvegetation. Man unterscheidet in grober Einteilung drei Typen, zwischen denen alle möglichen Übergänge vorkommen. Der *flechtenreiche Kiefernwald* wächst auf trockenen Sandböden, besonders auf Flugsand, also ehemaligen Binnendünen. Der Waldboden ist hier vielfach weißgrau oder gelbgrau getönt durch verschiedenartige Rentierflechten, die zusammen mit verstreutem Heidekraut, kümmernden Wacholdern und einigen Moosen fast den einzigen Bodenbewuchs bilden. Die Kiefer selbst gedeiht hier nicht besonders gut. Um so erstaunlicher ist aber der Pilzreichtum dieser Wälder, wenn im Herbst genügende Feuchtigkeit im Boden vorhanden ist. Auf etwas feuchterem Untergrund finden wir einen *moos*- und *zwergstrauchreichen Kiefernwald*. Hier wechseln Dickichte von Heidel- und Preiselbeere ab mit schwellenden Polstern großer Waldmoose, wie Frauenhaarmoos, Besenmoos, Rotstengelmoos oder Stockwerkmoos. Hier und da breitet der Dornfarn seine breitgefiederten Wedel aus. Im Unterholz wachsen vereinzelt Eberesche, Faulbaum und Birke. Alle diese Pflanzen sind auf den sehr nährstoffarmen, sauren Sandboden eingestellt, die Bodenversauerung wird noch durch die Ablagerung einer dicken, nur langsam verwesenden Kiefernnadelstreu gefördert. Blumen gibt es in diesem Walde kaum, dafür aber um so mehr Pilze.

Weniger pilzreich sind die *grasreichen Kiefernwälder*, wo die Drahtschmiele oder auf feuchten Stellen das Pfeifengras dichte Rasen oder Bülten bildet. Auf besseren Böden können Brombeeren unter den Kiefern fast undurchdringliche Dschungel und der Adlerfarn riesige Herden bilden; solche Kiefernwälder sind geradezu pilzfeindlich, wenigstens soweit es größere und besonders Speisepilze angeht.

In vielen Gegenden Deutschlands sind die Kiefernwälder das Eldorado für den Speisepilzsammler. In den weiten Kiefernforsten der Lüneburger Heide sind an manchen Herbstsonntagen viele Tausende von Menschen auf der Pilzjagd. Im Kiefernwald wachsen zahlreiche Arten von Speisepilzen, aber kaum gefährliche Giftpilze.

Die beliebtesten aller Sammelpilze sind die Röhrlinge, allen voran der häufige *Maronenpilz*. Er steht dem Steinpilz im Geschmack kaum nach, der auch im Kiefernwald vertreten ist, besonders seine dunkelrotbraunhütige Abart, der *Kiefernsteinpilz*. Er tritt aber nur in manchen Jahren häufiger auf. Man darf ihn nicht mit dem oft am gleichen Ort vorkommenden *Gallenpilz* verwechseln, der vor allem in jungem Zustand verblüffend ähnlich aussehen kann. Besonders in jüngeren Schonungen oder an Waldschneisen wächst der *Butterpilz*. Auch *Sand-* und *Kuhröhrling*, weniger geschätzt, aber brauchbare Speisepilze, fehlen besonders in heideartigen, flechtenreichen Kiefernwäldern nicht. Hier und da finden wir die *Ziegenlippe* und bei eingestreuten Birken den *Birkenpilz* und die *Heiderotkappe*.

Ein im Wert recht zweifelhafter, wenn auch sehr viel gesammelter »Speisepilz« ist der *Krempling*, den man fast auch unter den Giftpilzen nennen sollte, da er in rohem Zustand erheblich giftig ist und auch bei vorschriftsmäßiger Zubereitung immer wieder Erkrankungen, ja sogar Todesfälle hervorruft. Der Krempling tritt auf der sauren Kiefernstreu unglaublich häufig auf. Ein zerstreut vorkommender Kiefernbegleiter ist der eßbare *Kupferrote Schmierling*. Zu den geschätztesten Speisepilzen des Kiefernwaldes gehört der *Grünling* oder *Echte Ritterling*, der in manchen Gegenden häufig ist, aber stellenweise schon durch rücksichtslose Marktsammler in seinem Bestand bedroht ist, die mit großen Rechen die Moosdecke abharken, um darunter verborgene Grünlinge zu finden. Mit dem Grünling zusammen wächst der verwandte *Schwarzfaserige Ritterling*, nicht selten noch bis in den Dezember hinein.

Wie in allen anderen Waldarten können auch die *Täublinge* oft mit

ihren bunten Hutfarben den Pilzaspekt im Kiefernwald beherrschen. Sie werden von vielen Pilzsammlern verschmäht, weil ihnen die Unterscheidung der eßbaren von den ungenießbaren, scharf schmekkenden Arten zu schwierig erscheint. Brauchbare Speisepilze sind der *Apfeltäubling* und noch mehr der *Orangerote Graustieltäubling*, die beispielsweise in der Lüneburger Heide nicht selten als Massenpilze auftreten können. Zwischen ihnen wächst der leicht kenntliche hochrote *Speitäubling*, ungenießbar durch seinen äußerst scharfen Geschmack, und im Spätherbst der ebenso scharfe *Tränentäubling*. Der auf allen sauren Waldböden häufige *Ockertäubling* kann kaum als Speisepilz empfohlen werden, obschon er nur mäßig scharf schmeckt.
Unter den Milchlingen ist der *Rotbraune Milchling*, auch Braunreizker genannt, mit weißem, sehr scharfem Saft, besonders in flechten- und heidekrautreichen Kiefernwäldern einer der häufigsten Pilze. Er ist ungenießbar, während der leider nicht häufige *Kiefernblutreizker* ein ganz vorzüglicher Bratpilz ist. Der *Reifpilz*, nicht überall vorkommend, ist ein guter Speisepilz in blaubeerreichen Kiefernwäldern. Stellenweise trifft man auch den *Pfifferling*, der leider in viel besammelten Gebieten allmählich verschwindet, und im Spätherbst meist häufig seinen Doppelgänger, den *Falschen Pfifferling* oder *Gabelblättling*, wertlos wenn auch ungiftig. Im Spätherbst zur Zeit der ersten Nachtfröste ist der *Frostschneckling* bisweilen sehr häufig und lohnt das Sammeln.
Ein Sonderstandort für Pilze sind die Kiefernstümpfe, an denen auch der Speisepilzsammler nicht vorübergehen sollte. Neben dem *Hallimasch* findet er dort den *Graublättrigen Schwefelkopf*, gar nicht selten in Massenwuchs auftretend, ein noch wenig bekannter, aber durchaus zu empfehlender Speisepilz. Wenig schmackhaft, aber prächtig anzusehen ist der stattliche *Rötliche Holzritterling*, leicht kenntlich am purpurrot-feinschuppigen Hut und Stiel und an den gelben Lamellen. Der hochgelbe *Klebrige Hörnling* täuscht viele Pilzsucher immer wieder, sie verwechseln ihn mit gelben Korallenpilzen, er ist harmlos, aber ohne Wert. An sehr morschen Kiefernstümpfen wächst der geleeartigzitterige *Eispilz* mit feinstacheliger Hutunterseite.
An Giftpilzen im Kiefernwald ist zunächst die nur im März–April wachsende *Frühlorchel* zu nennen, die unabgekocht zu den lebensgefährlichen Giftpilzen gehört und besser zu meiden ist. Leicht kenntlich ist der oft massenhaft auftretende *Kartoffelbovist*. Auch der *Fliegenpilz* kann kaum mit eßbaren Arten verwechselt werden. Der *Grüne Knollenblätterpilz* fehlt im Kiefernwald, sofern nicht etwa Eichen in der Nähe stehen. Dagegen ist der kaum giftige, ungenießbare *Gelbe Knollenblätterpilz* wie überall in bodensauren Wäldern auch im

Kiefernwald verbreitet, ebenso zwei eßbare, wenn auch wenig wohlschmeckende Vertreter der Gattung *Amanita*, der *Perlpilz* und der *Rotbraune Streifling*. Keinesfalls soll man aber im Kiefernwald unbekannte Pilze zu Speisezwecken sammeln, denn es gibt dort einige weitere Pilze, die Verdauungsstörungen und andere Erkrankungen hervorrufen können, wie braune *Ritterlinge* oder *Rißpilze*.
Der Spätherbst zaubert auf die Kiefernnadelstreu und in die Moospolster ganze Heere von kleinen bis mittelgroßen Streuverzehrern, besonders grauweiße *Trichterlinge*, *Helmlinge*, *Häublinge* und viele andere, unter denen die blaßbraunen, nur auf vergrabenen Kiefernzapfen wachsenden *Nagelschwämme* und *Mäuseschwänze* sowie der ebenso lebende höchst merkwürdige *Ohrlöffelstacheling* das besondere Interesse des Pilzfreundes verdienen.

Kiefernwälder auf Kalkboden. Auf trockenem Kalkgestein im Hügelland und Mittelgebirge findet man nicht selten Kiefernwälder, meist als Aufforstungen von Trockenrasen, die in ihrer Bodenflora erheblich von denen auf Sand abweichen: es fehlt die große Zahl der säureliebenden Pflanzen, darunter auch die Mehrzahl der genannten Pilze. Dafür treten viele andere Pilzarten auf, von denen hier besonders der kalkliebende und an Kiefern gebundene *Körnchenröhrling* als wertvoller Speisepilz genannt sein soll. Er sieht ähnlich aus wie ein heller Butterröhrling, trägt aber keinen Ring am Stiel und scheidet jung an den Röhren Milchtröpfchen aus. Selten trifft man an solchen Stellen auch den *Südlichen Blutreizker*, dessen an verletzten Stellen austretender Milchsaft dunkelweinrot (nicht mohrrübenrot wie bei den übrigen Blutreizkern!) aussieht, ein guter Speisepilz. Im übrigen hüte man sich vor Giftpilzen.

Gebirgsfichtenwälder. In den deutschen Gebirgen ist die Fichte der wichtigste Nadelbaum, in Süddeutschland leistet ihr die Edeltanne Gesellschaft. Die Fichte war ursprünglich nur in den höheren Lagen der Mittelgebirge, nördlich bis zum Harz, heimisch, außerdem im Anschluß an ihr nordisch-kontinentales Wohngebiet in Ostpreußen. Wegen ihrer Raschwüchsigkeit hat man sie aber in den letzten Jahrhunderten überall besonders im Bergland, zum Teil auch in der Ebene, als Ersatz der dort bodenbeständigen Buchenwälder angebaut. Ausgedehnte Fichtenwaldgebiete wie im Sauerland oder im Hunsrück bestehen aus solchen künstlichen Forsten.
In Gebieten, in denen sich die Fichte natürlich verjüngt, besonders in den Alpen und im Schwarzwald, findet man noch Bestände mit

Fichtenwälder im Gebirge beherbergen einen unerschöpflichen Pilzreichtum

Bäumen verschiedener Altersklassen, sie haben eine dichte Bodenvegetation aus Moosen, Kräutern und Zwergsträuchern. Meist aber, besonders im künstlichen Anbaugebiet, werden die Wälder gepflanzt, die Bestände sind gleichaltrig und vor den Durchforstungen überaus lichtarm, daher ist die grüne Bodenvegetation gering oder fehlt bis auf einige wenige Moose oder Farne ganz. Der Boden ist mit dicken Lagen von Nadelstreu bedeckt, die langsam zu einem tiefgründigen schwarzen Humus verwest. Nur im Herbst zur Pilzzeit zeigen diese düsteren Forsten lebhaftere Farben, sie können sehr pilzreich sein.
Die Fichte benötigt im allgemeinen etwas feuchtere Böden als die Kiefer. Sie kann wie diese auf saurem wie auf kalkreichem Gestein wachsen und bildet demzufolge verschiedene Waldgesellschaften mit unterschiedlicher Pilzflora.
Die *sauren Fichtenwälder* wachsen besonders auf Sandstein, Tonschiefer oder Urgestein, sie besitzen eine Bodenvegetation aus Heidel- und Preiselbeeren und zahlreichen großen Waldmoosen entsprechend denen im feuchteren Kiefernwald. Bemerkenswerte Einschläge sind etwa das schöne Farnwedelmoos oder Bärlapp-Arten, oft auch viele Farne, besonders Dornfarn und Frauenfarn. Diese Fichtenwälder sind für den Pilzsammler berühmte, ergiebige Jagdgründe. Vor allem die abgelegeneren, weniger bequem mit dem Auto erreichbaren Gebirgsfichtenwälder können noch große Pilzernten erbringen.

Hier findet man einen großen Teil der schon bei den Kiefernwäldern auf sauren Böden genannten Arten wieder, von den Röhrlingen besonders den *Steinpilz* mit seinem Doppelgänger, dem *Gallenpilz*, und den *Maronenpilz*, alle drei können manchmal in großen Mengen auftreten. Mehr zerstreut wachsen *Flockenstieliger Hexenröhrling* und *Ziegenlippe*. Ganz hervorragende Speisepilze sind mehrere Champignons der Fichtenwälder, besonders weiße *Anischampignons*, kenntlich am angenehmen Mandel-Anisgeruch und am Gilben von Hut und Stiel an Druckstellen, und der ziemlich seltene fein braunschuppige *Riesenchampignon*, mit ähnlichem Geruch und gleichfalls gilbend, dessen Fund für den Pilzsammler ein Ereignis darstellt. Nicht selten, wenn auch als Speisepilz nicht so wertvoll, ist der ebenfalls braunschuppige, aber kleinere und im Fleisch rot anlaufende *Waldchampignon*. Man muß sich nur hüten, die weißen Champignons mit dem in sauren Gebirgsfichtenwäldern wohnenden, wenn auch meist seltenen *Kegelhütigen Knollenblätterpilz* zu verwechseln. Diese Verwechslung hat schon vielen Pilzsammlern das Leben gekostet. Braune Hutschuppen und gelbrot verfärbendes Fleisch, aber im Gegensatz zum Waldchampignon helle Lamellen hat auch der *Safranschirmling*, ein Spezialist der Fichtennadelstreu, der auch gern auf den Haufen der Roten Waldameise siedelt.

Typische Bewohner der Gebirgsfichtenwälder sind *Schafporling* und *Habichtspilz*, deren Wert als Speisepilze verschieden beurteilt wird. *Pfifferlinge* sind in manchen großstadt- und straßenfernen Gegenden noch häufig. Die unscheinbaren *Trompetenpfifferlinge* wachsen gern scharenweise im Moos. Der Frostschneckling der Kiefernwälder wird unter Fichten durch den *Olivbraunen Schneckling* mit weißen Lamellen ersetzt, der Kupferrote Schmierling durch den *Großen Schmierling* oder *Gelbfuß*, beide eßbare Arten sind auf die Fichte spezialisierte Mykorrhizapilze. Unter den Täublingen ist der *Ockertäubling* oft sehr häufig, in gepflanzten gleichaltrigen Fichtenforsten oft Massenpilz erster Ordnung; er wird zwar hier und da gesammelt, ist aber nicht wertvoll. Empfehlenswert ist dagegen der *Wieseltäubling*, so genannt wegen seiner an ein Wieselfell erinnernden braunen Hutfarbe, ein ziemlich großer, mildfleischiger Täubling mit Neigung zum Braunflecken an Lamellen und Stiel, der im Gebirge auf saurem Gestein vielerorts ein häufiger Fichtenbegleiter ist, aber im Flachland fehlt. *Speitäubling* und *Stachelbeertäubling* gehören zu den scharf schmeckenden, ungenießbaren Täublingen der Fichtenwälder. Aus der großen Schar der Milchlinge der Bergfichtenwälder ist am bekanntesten der *Fichtenblutreizker*, der besonders in jüngeren Kulturen bisweilen sehr häufig sein kann. Der leicht bittere Nachgeschmack läßt ihn als Speisepilz weniger empfehlen. Die übrigen Milchlinge kommen außer dem hier und da vertretenen *Brätling* kaum als Speisepilze in Frage.

Auf Fichtenstümpfen wachsen manche Pilze, die auch auf Kiefernstümpfen leben, besonders *Hallimasch* und *Graublättriger Schwefelkopf* als Speisepilze, ferner der *Rötliche Holzritterling*, das *Klebrige Schönhorn* und der *Samtfußkrempling*, ein größerer Verwandter des gemeinen Kremplings mit dunkelbraun-samtigem Stiel, die kaum genießbar sind.

Von den Giftpilzen wurde der Kegelhütige Knollenblätterpilz bereits genannt. *Fliegenpilz* und *Pantherpilz* sind auch im Fichtenwald verbreitet, der Pantherpilz aber nur in gewissen Jahren. Er gilt als Verwechslungspilz des eßbaren *Perlpilzes*, der gleichfalls unter Fichten nicht selten ist, oft zusammen mit dem harmlosen *Gelben Knollenblätterpilz*.

Im Spätherbst beschließen der *Violette Rötelritterling* und der *Nebelgraue Trichterling* den Reigen der größeren Speisepilze. Unter den vielen anderen kleineren Trichterlingen ist der *Fuchsrote Trichterling* durch seine prächtigen Hexenringe bemerkenswert; gebraten schmeckt er recht gut. Von den überaus zahlreichen kleinen Streubewohnern der Fichtenwälder, die nach Regen besonders im Spätherbst in wahren Heerscharen auftreten, soll hier nicht die Rede sein.

Fichtenwälder auf Kalkgestein unterscheiden sich schon durch die Bodenflora, sie enthalten erheblich mehr blühende Kräuter als die bodensauren Fichtenwälder, während die säureliebenden Zwergsträucher, Bärlappe usw. zurücktreten. Allerdings können dicke Nadelstreu- und Humusauflagen auch über Kalk örtlich eine saure Bodenreaktion hervorrufen. Stark verschieden ist auch die Pilzflora. Unter den Täublingen dieser Wälder sind der *Rotstielige* und der *Braune Ledertäubling* für den Speisepilzsammler beachtenswert. Beide können gelegentlich in Mengen vorkommen, der Braune auch auf saurem Untergrund. Eine prächtige Pilzgestalt der Fichtenwälder auf Kalkboden ist die *Goldgelbe Koralle*, die in jungem Zustand eßbar ist. Ortshäufig ist bisweilen der *Goldstielige* oder *Duftende Leistling*, auf dem Hut ähnlich braun gefärbt wie der nah verwandte Trompetenpfifferling, aber mit goldgelber glatter Unterseite und aromatischem Duft, ein recht wohlschmeckender Speisepilz. In die Pfifferlingsverwandtschaft gehört auch das eigentümliche *Schweinsohr*, ein kreiselförmig- dickfleischiger Pilz mit anfangs violettlicher Oberseite und aderigen Außenflächen. Er gilt als guter Speisepilz.

Im Kalk-Fichtenwald der Gebirge besonders Süddeutschlands findet man oft stattliche farbenprächtige Pilze in gelben, braunen oder violettblauen Farben, die man kaum in einem Buch für Speisepilzsammler findet, weil sie ungenießbar sind oder ihr Speisewert unbekannt ist: *Schleierlinge*, besonders *Schleimköpfe*, kenntlich am Haarschleier unter dem Hut junger Exemplare und am braunen Sporenstaub.

Fichtenforsten im Flachland. Sie enthalten nur einen Teil des Artenreichtums an Pilzen der Gebirgsfichtenwälder, viele Arten fehlen dort. Statt dessen können manche Pilzarten besonders häufig auftreten, zum Beispiel der ungenießbare *Ockertäubling*, der eßbare *Graublättrige Schwefelkopf* als häufigster Besiedler der Fichtenstümpfe, dem oft der *Hallimasch* Gesellschaft leistet.

Lärchenwälder. Natürliche Lärchenwälder gibt es in Mitteleuropa nur in den höheren Waldlagen der Alpen, wo sie in der Nähe der Waldgrenze lichterfüllte Bestände mit reicher Krautflora bilden, oft vermischt mit einzelnen Fichten oder Gebüschen aus Legföhren und Alpenrosen. Hier gibt es eine erstaunliche Zahl von streng an die Lärche gebundenen Mykorrhizapilzen, vor allem *Goldröhrling*, *Hohlfußröhrling*, *Grauer* und *Rostroter Lärchenröhrling*, *Gefleckter Schmierling*, *Lärchenschneckling*, *Lärchenritterling* und *Lärchenmilchling*. Im künstlichen Anbaugebiet der Lärche in Mittel- und Norddeutschland, also in Lärchenforsten und bei einzelnen Lärchen im Mischwald oder in Parkanlagen finden wir nur noch wenige dieser Spezialisten, von denen die Mehrzahl auch Kalkboden bevorzugt, allein der Goldröhrling folgt der Lärche durch dick und dünn und steht den Sammlern überall als guter Speisepilz zur Verfügung, übrigens auch unter der im atlantischen Klimabereich gern angebauten Japanischen Lärche. Die wenig spezialisierten Holzbewohner kommen wie in allen Nadelwäldern auch in Lärchenwäldern an Stümpfen vor, besonders *Graublättriger Schwefelkopf* und *Hallimasch*.

Eichen-Birkenwälder. Besonders auf den alten, ausgelaugten sandigen Moränenböden des norddeutschen Flachlandes wachsen artenarme Laubwälder, die im wesentlichen aus Stieleichen und Birken mit Unterwuchs von Eberesche und Faulbaum bestehen. Sie sind meist nur noch kleinflächig erhalten, da sie zum größten Teil in Ackerland, Heide oder Kiefernforsten umgewandelt wurden. Als Reste von ihnen sind auch die zahlreichen Wallhecken oder Knicks im Sandgebiet zu betrachten, die Wege und Äcker säumen. Sie enthalten neben den charakteristischen Bäumen auch die wenigen Kräuter, die Heidelbeere, die Drahtschmiele und die Pilze, die in diesem Waldtyp zu Hause sind. Der Boden der Eichen-Birkenwälder ist überaus sauer und neigt zur Trockentorfbildung.

Die Pilzflora besteht nur aus stark säureliebenden Arten, zum Teil Mykorrhizapilzen der Birke und Eiche und zum Teil Bewohnern saurer, dicker Humuslager. Der Pilzsammler findet hier häufig den *Birkenröhrling*, gelegentlich die *Heiderotkappe*, den *Rotfußröhrling*, den *Steinpilz* und auch den *Maronenröhrling*, der meist als typischer Nadelwaldpilz angesehen wird, aber gar nicht selten auch in stark sauren Laubwäldern vorkommt, wenigstens in Norddeutschland. Natürlich fehlt auch der *Krempling* auf solchen Böden nicht. Groß ist die Zahl der an die Birke gebundenen *Täublinge* und *Milchlinge*, unter denen wenige mild schmeckende Arten eßbar sind, besonders der an feuchten Standorten mit Pfeifengras und Bleichmoosen wachsende hochgelbe *Moortäubling*.

Unter Eichen auf sandigen Böden wächst gern der wohlschmeckende *Speisetäubling*. Nie fehlen der *Rotbraune Streifling*, der *Perlpilz* und der kleine rötliche *Lackpilz*. Der *Grüne Knollenblätterpilz* ist auf diesen extrem sauren Böden nur selten anzutreffen, um so häufiger aber der *Fliegenpilz*, dessen scharlachrote Hüte noch im Oktober zwischen weißen Birkenstämmen und herbstlich gelbem Pfeifengras weithin leuchten. Im Spätherbst wachsen zahlreiche kleine *Trichterlinge* im Eichen-Birkenwald, der im ganzen recht pilzreich ist und auch den Besuch des Sammlers lohnt, wenn auch die meist benachbarten Kiefernforsten ergiebiger sind.

Bei etwas reicherer Ausbildung auf besseren Böden und im Hügelland kommen Traubeneiche und Rotbuche, in der Krautschicht Adlerfarn, Waldgeißblatt, Schattenblume und Wiesenwachtelweizen hinzu, es entsteht der Traubeneichen-Birkenwald, auch Buchen-Eichenwald genannt, dessen Pilzflora besonders durch das Hinzutreten der Buche artenreicher wird. Sofern die Krautschicht nicht zu dicht zusammenschließt, sind diese Buchen-Eichenwälder ausgezeichnete, ergiebige Pilzwälder; hier besteht indessen schon eher die Gefahr, dem *Grünen Knollenblätterpilz* zu begegnen.

Buchenwälder auf saurem Gestein. Der häufigste Baum der mitteleuropäischen Laubwälder ist die Rotbuche, die, selbst gut schattenertragend, lichtliebendere Laubbäume leicht unterdrückt und daher wie kein anderer Laubbaum reine Bestände bildet. Buchenwälder stellen daher den größten Anteil der deutschen Laubwaldfläche. Sie

finden sich an einigen Stellen des norddeutschen Tieflandes, beispielsweise in Schleswig-Holstein oder Mecklenburg und verstreut hier und da an Standorten mit besseren Böden, besonders im Hügelland. Die eigentliche Heimat der Buchenwälder bei uns sind aber die Mittelgebirge, deren charakteristische Waldart sie bilden, soweit sie nicht, wie etwa im Sauerland, im Fichtel- und Erzgebirge schon weitgehend durch künstliche Fichtenpflanzungen verdrängt sind. In den höheren Lagen des Schwarzwaldes und des Thüringer Waldes und am Alpenrand ist die Edeltanne den Buchenwäldern beigemischt. Erstaunlich groß ist der Unterschied der Bodenvegetation einschließlich der Pilze zwischen Buchenwäldern auf sauren Böden und solchen auf nährstoffreichen, besonders auf Kalkböden.
Auf sauren Böden zersetzt sich das Fallaub nur langsam, es bildet sich eine dicke, schwärzliche Humusdecke, die für die Ausbildung der Bodenflora maßgeblich ist. Die Strauch- und Krautschicht dieser Sauerhumus-Buchenwälder ist meist ausgesprochen arm an Arten, man nennt sie daher auch artenarme Buchenwälder. Die bunte Pracht der Frühlingsblumen fehlt hier ebenso wie ein Teppich breitblättriger Kräuter. Statt dessen wachsen Horste säureliebender Gräser, insbesondere der Hainsimse oder des Waldreitgrases und die Rasen der schmalblättrigen Drahtschmiele. Dunkelgrüne Herden des Waldhaarmooses unterbrechen hier und dort die braune Laubdecke, an anderen Stellen die lichtgrünen rundlichen Polster des Weißmooses. An den feuchteren Schattenhängen herrschen Farne vor. An feinerdereichen Stellen kann der Sauerklee truppweise auftreten. Bei Lichtmangel sind diese Wälder auch auf weite Strecken hin fast pflanzenleer, so weit das Auge reicht, bedeckt nur das braune Fallaub den Boden.
Wie alle Wälder auf sauren Böden sind auch diese Buchenwälder sehr reich an Pilzen und ergiebige Sammelgebiete, wenn auch nicht überall. Es gehört eine gewisse Erfahrung dazu, die lohnenden Stellen aufzufinden. Steilere Hänge sind in den meisten Fällen pilzarm, oft ganz pilzleer, weil dort Humus- und Feinerdebildung erschwert sind. Wo viele herausgewitterte Steine und Blöcke herumliegen, wachsen wenig Pilze. Dicke Fallaubpackungen auf ganz ebenen oder leeseitigen, windgeschützten Hängen oder noch mehr leichte Vertiefungen im Boden, in denen sich das Laub sammelt, enthalten fast nur im Spätherbst Pilze, ausschließlich Streuverzehrer, zum Beispiel *Trichterlinge*. Umgekehrt bilden aber kleine Anhöhen, flache luvseitige Abhänge und sehr oft auch westexponierte Waldränder, wo die Herbstwinde das Laub fortblasen, wahre »Pilzoasen« von erstaunlicher Reichhaltigkeit. Anzeiger für solche Stellen sind meist die Moose,

Unter diesen alten Randbäumen an einer Lichtung im bodensauren Buchenwald liegt eine »Pilzoase«. Auf dem Boden wachsen einige Gräser und Moose, es liegt wenig Fallaub

die dichte Fallaubpackungen nicht vertragen. Oft ist auch nicht ohne weiteres ersichtlich, warum an einer bestimmten Stelle eine solche Pilzoase besteht, natürlich können auch Boden- und mikroklimatische Faktoren eine Rolle dabei spielen. Jeder Pilzsammler, der jahrelang seine bestimmten Reviere durchstreift hat, kennt solche Stellen, die er nicht gern verrät.

Aus der großen Zahl der hier vorkommenden Pilze kann hier nur eine Auswahl der für den Sammler wichtigsten genannt werden. Von den Röhrlingen ist der *Steinpilz* hier zu Hause und oft auch der *Flockenstielige Hexenröhrling*, beides geschätzte Speisepilze. Ungenießbar ist der farbenprächtige, aber bittere *Schönfußröhrling*. Häufigster Röhrling ist oft der *Rotfußröhrling*, wenn er auch zum Ärger der Pilzsucher oft madig oder von Schimmelpilzen befallen ist. Ähnlich ist ihm die *Ziegenlippe*. Täublinge können in den Buchenwäldern besonders im Spätsommer und Frühherbst aspektbildend sein, aus Laub und Moosen leuchten weithin die *Zinnobertäublinge*, *Rosentäublinge*, *Grünfeldertäublinge*, *Ocker-* und *Gallentäublinge*, *Lilagrüne Täublinge*, *Speise-* und *Speitäublinge*. Hier gilt es, die eßbaren Arten mit mildem Fleisch von den scharf schmeckenden unterscheiden zu lernen.

Von den Milchlingen interessiert den Sammler meist nur der *Brätling*, der allerdings im nördlichen Deutschland recht selten ist, die übrigen Arten mit weißem Milchsaft enthalten meist scharfe und bittere Stoffe, die sie ungenießbar machen. Wer kennt nicht die truppweise wachsenden riesigen *Pfeffer-* und *Wolligen Milchlinge*, deren weiße Hüte gar nicht zu übersehen sind! Zum Leidwesen der Pilzsammler sind die fleischigen Gesellen völlig ungenießbar. Weiße Pilze im Buchenwald können auch *Anischampignons* sein, die zu den größten Leckerbissen der Pilzküche zählen. Immer prüfe man aber Lamellenfarbe, Hutoberfläche, Stielbasis und Geruch, denn auch der tödlich giftige, rein weiße *Kegelhütige Knollenblätterpilz* kann, wie überall im Gebirge auf sauren Böden, auch in reinem Buchenwald vorkommen. Auch der *Grüne Knollenblätterpilz*, häufig nur als Eichenbegleiter angesehen, kann im Buchenwald wachsen. Harmloser, wenn auch nicht als Speisepilz brauchbar, ist der sehr viel häufigere *Gelbe Knollenblätterpilz*, am Kartoffelgeruch leicht zu erkennen. Tiefgründigen Humus lieben *Perlpilz* und *Grauer Wulstling*, zwei eßbare Vertreter der Knollenblätterpilzverwandtschaft. Besonders an Lichtungen und Waldrändern kann man das Glück haben, einen Trupp der geschätzten *Riesenschirmlinge* anzutreffen. Ungenießbar sind der gelbe, unangenehm gasartig riechende *Schwefelritterling* und die flachgebuckelte Laubwaldform des grauen, schwarzstreifigen *Brennenden Erdritterlings* mit überaus scharfem Geschmack.

Auch *Pfifferlinge* und *Trompetenpfifferlinge* wachsen im Buchenwald, gern im Moos. Oft verwechselt man von oben die Pfifferlinge mit dem *Stoppelpilz*, der an den gleichen Standorten vorkommen kann. Die häufigen *Flaschenboviste* sind eßbar, solange sie noch jung und festfleischig sind. Der giftige *Kartoffelbovist* kann im sauren Buchenwald sehr häufig sein, manchmal parasitiert auf ihm der einer kleinen Ziegenlippe ähnliche *Schmarotzerröhrling*. An lehmigen Erdböschungen überrascht oft eine Kolonie des leuchtend apfelsinenroten *Orangenbecherlings* durch ihre Farbenpracht.

Viele weißsporige Blätterpilze aus der Familie der Ritterlingsartigen wachsen im Buchenwald, vom hochstieligen, mit langer Pfahlwurzel versehenen *Wurzelrübling* bis zum allgegenwärtigen *Lackpilz* oder *Bläuling* in seiner roten und der amethystblauen Form. Zum Sammeln lohnen diese Pilze kaum, eher schon einige der im späteren Herbst im Fallaub erscheinenden Trichterlinge, wie der *Nebelgraue*, der *Fuchsrote* und der grünliche *Anistrichterling*, mit denen meist der *Violette Rötelritterling* vergesellschaftet ist. Im Fallaub findet man auch den schönen, aber nicht genießbaren *Grünspanträuschling* oder, oft in ganzen Nestern, die eigenartigen *Stinkmorcheln*, die ihren Standort

In dicker Nadel- oder Laubstreu wächst die Stinkmorchel oft in Scharen. Hier haben Fliegen schon die schleimige Sporenmasse des wabigen Hutes abgefressen. Rechts ein sich öffnendes »Hexenei«

schon von weitem durch ihren Aasgeruch anzeigen. Manche Sammler schätzen indessen ihre »Hexeneier«.

Pilzinseln im pilzleeren Fallaub sind oft die Buchenstümpfe, die die Feuchtigkeit besser halten als der Boden und daher auch bei trockenerem Wetter noch Pilzbewuchs aufweisen. Hier kann sich eine ganze Reihe völlig verschiedener Pilzarten zusammenfinden, deren gemeinsames Nährsubstrat das faulende Buchenholz ist. Zwei wichtige Speisepilze wachsen dort, das *Stockschwämmchen*, nicht selten gemeinschaftlich mit seinem giftigen Doppelgänger, dem *Grünblättrigen Schwefelkopf*, und der *Hallimasch*, der für manche Pilzsammler der einzige Waldpilz ist, den zu erkennen sie sich zutrauen. Alle diese Pilze wachsen in dichten Büscheln, mehr einzeln stehen *Rehbrauner Dachpilz* und *Breitblättriger Holzritterling* auf den Stümpfen, beide wenig geschätzt als Speisepilze. Im Spätherbst und Winter erscheinen an alten Buchenstämmen mächtige Büschel des *Austernseitlings*.

Die Mehrzahl der Humus-Saprophyten des Buchenwaldes gedeiht auch in der Nadelstreu der Fichtenwälder und teilweise auch der

Kiefernwälder. Im übrigen hat trotz aller gemeinsamen Züge doch jedes einzelne Waldstück eine individuelle Pilzflora, ein starres Schema gibt es in der Natur und besonders bei den Pilzen nicht – und ist es nicht gerade das, was die Pilzjagd so reizvoll macht?

Buchenwälder auf nährstoffreichem Boden und auf Kalkgestein. Die Buche wächst im wesentlichen gleich gut auf saurem wie auf kalkhaltigem Untergrund und bedeckt auch in den mitteldeutschen Kalkgebirgen sowie auf anstehendem Kalk in niedrigeren Lagen weite Flächen mit geschlossenen Wäldern. In der Bodenflora unterscheidet sich dieser Kalkbuchenwald von den Sauerhumus-Buchenwäldern überaus stark, sie haben kaum irgendwelche Begleitpflanzen gemeinsam. Ein ähnliches Aussehen haben auch Buchenwälder auf guten, nährstoff- und teilweise kalkreichen Braunerdeböden, wie sie etwa in der Jungmoränenlandschaft um die Ostsee oder auf den Basaltverwitterungsböden am Vogelsberg vorkommen, um nur einige Beispiele zu nennen. Im Gegensatz zu denjenigen auf saurem Untergrund bezeichnet man sie auch als *artenreiche Buchenwälder*. Auf dem neutral oder basisch reagierenden, allenfalls schwach sauren, nährstoffreichen Boden wächst nämlich eine überaus artenreiche Kraut- und Strauchschicht. Beim ersten Blick auf die grüne Begleitflora erkennt man, ob man einen solchen Buchenwald vor sich hat. Schon im Vorfrühling ist der Boden weithin bunt von zahlreichen Frühblühern, wie Buschwindröschen, Scharbockskraut, Leberblümchen, Goldnessel, Waldveilchen, Lerchensporn, Himmelsschlüsseln und vielen anderen. Sie werden bald abgelöst von Spätfrühlings- und Sommerblumen, wie etwa Waldmeister, Ruprechtsstorchschnabel, Hexenkraut, großblütigen Glockenblumen oder sogar seltsamen Orchideen. Allerdings gibt es von Ort zu Ort große Unterschiede. Gewisse Pflanzen, beispielsweise Bingelkraut, Waldmeister oder das Einblütige Perlgras, können auf weite Flächen hin alleinherrschend werden. Bodenbewohnende Moose spielen eine geringe Rolle. Auf Kalkgestein kann indessen die Krautschicht an manchen Standorten mit trockeneren Böden und bei dichtem Kronenschluß der Buchen auch völlig fehlen.

Als extremer Gegensatz zu den Sauerhumus-Buchenwäldern sei hier kurz die Pilzvegetation in *Buchenwäldern auf Kalkgestein* geschildert. Für die Pilze sind die Lebensbedingungen hier stark verschieden. Über Kalk pflegt die Streuzersetzung weit rascher vor sich zu gehen, es kommt daher kaum zur Anhäufung von dickeren Humuslagern. Entweder entsteht ein dunkler, mit Kalkteilchen durchmischter milder

Erdsterne lieben kalkhaltigen Boden. Sie enthalten kleine, sporengefüllte Bällchen in einer sternförmig aufreißenden Außenhülle

Mullboden, oder man findet gleich unter der letztjährigen Fallaubschicht einen braunen, nur schwach humosen Lehmboden. Für Pilze, die saure Humusauflagen oder wenigstens saure Bodenreaktion benötigen (oder keinen Kalk vertragen?), fehlen hier die Lebensbedingungen. Hierzu gehören zahlreiche, ja die meisten unserer bekannten Speisepilze. Dafür treten viele andere Pilze auf, die aus irgendwelchen Gründen, die chemischer oder physikalischer Natur sein können, kalkhaltigen Boden brauchen oder vorziehen. Je nach dem Grade der Bindung an Kalk kann man kalkstete, kalkholde oder auch kalkertragende Arten unterscheiden.

Klimatische Faktoren wie Wärme und Niederschlag scheinen sich hier viel stärker auf das Pilzwachstum auszuwirken als in sauren, humusreichen Wäldern, denn in kalten und regnerischen Jahren kann die Fruchtkörperbildung zuweilen ebenso ausbleiben wie in sehr trockenen Jahren. In guten Jahren kann aber eine günstige Stelle eines Kalkbuchenwaldes, die man vorher stets vergeblich abgesucht hatte, plötzlich eine erstaunliche Artenfülle aufweisen. Wo die Krautschicht geschlossen den Boden bedeckt, gibt es meist wenig Pilze.

Der Unterschied der Pilzflora gegenüber sauren Wäldern ist so groß, daß selbst ein erfahrener Pilzsammler, der zum erstenmal einen solchen Kalkbuchenwald betritt, sich wieder als Anfänger vorkommt. Er tut gut daran, große Vorsicht walten zu lassen, wenn er Speisepilze sammeln will, denn hier gedeihen weit mehr Giftpilze als irgendwo sonst. Ich werde nie den Anblick vergessen, der sich mir an einem Septembersonntag in einem westfälischen Kalkbuchenwald, berühmt durch das Vorkommen des Frauenschuhs und anderer seltener Orchideen, bot: von einem Punkt aus zählte ich an die hundert *Grüne Knollenblätterpilze* im Blickfeld, noch nie hatte ich ein solches Massenvorkommen beobachtet. Dieser Giftpilz kommt aber auch auf sauren Böden vor.

Kalkliebend ist der gefährliche *Ziegelrote Rißpilz*, der auch in bodensauren Gebieten am Rande von Waldstraßen auftreten kann, deren Beschotterung aus Kalkstein besteht. Der berüchtigte, aber nur in einigen Gegenden Süddeutschlands regelmäßiger auftretende *Satanspilz* ist Kalkbewohner. Auch *Riesenrötling* und *Tigerritterling*, zwei besonders in der Schweiz und in Frankreich gefürchtete Giftpilze, fordern Kalk im Untergrund. Das gleiche gilt von den sogenannten Bauchwehkorallen, wie die *Blasse* und die *Schöne Koralle* genannt werden, deren Genuß Darmstörungen verursacht. Da auch die eßbaren *gelben Korallen* auf Kalkboden wachsen, besteht Verwechslungsgefahr. Zu diesen bekannten Giftpilzen kommen noch zahlreiche kleinere Arten, die normalerweise niemand sammelt, die aber teilweise recht giftig sind, beispielsweise der *Kronenbecherling*, ein großer Becherpilz mit violetter »Schüssel«, der schon im Mai erscheint und auch im Nadelwald über Kalk wächst, sowie mehrere kleinere *Rißpilze* und manche andere.

Es soll damit aber nicht gesagt sein, daß in den artenreichen Buchenwäldern keine Speisepilze wachsen. Die meisten der eßbaren Röhrlinge fehlen zwar, bis auf eine Abart des Steinpilzes, den *Sommersteinpilz*, der auch auf neutralen Böden vorkommt, sowie die *Espenrotkappe*, die unter verschiedenen Laubbäumen meist auf neutralen bis kalkreichen Böden wächst. Andere kalkliebende Röhrlinge sind verdächtig, beispielsweise der *Netzstielige Hexenpilz*, oder so selten, daß man sie aus Naturschutzgründen stehenlassen sollte.

Als Speisepilz bietet sich der zuweilen überaus häufige *Rotstielige Ledertäubling* an, einer der stattlichsten eßbaren Täublinge. Die vielen anderen *Täublinge*, *Milchlinge*, *Ritterlinge*, *Schleierlinge* und anderen Großpilze der Kalkbuchenwälder erfordern ein besonderes Studium, viel Eßbares befindet sich nicht unter ihnen. Erwähnenswert sind noch der *Mairitterling*, weil er im mittleren Deutschland gern in derartigen Wäldern wächst und der *Pfifferling*, der in manchen Buchenwäldern in einer besonders üppigen, sehr blassen Form vorkommt. Die *Herbst-* oder *Totentrompete* kann im September und Oktober

Der Netzstielige Hexenröhrling wächst auf kalkhaltigem Boden, hier zusammen mit Walderdbeeren

scharenweise auftreten, sie ist ein recht guter Brat- und Trockenpilz. Dagegen ist die stattliche, auf Kalkboden oft herdenweise wachsende *Herkuleskeule* kaum genießbar. In diesen Buchenwäldern leben auch viele Pilz-Seltenheiten, in den sogenannten Orchideen- oder Seggen-Buchenwäldern auch wärmeliebende Arten südlicher Verbreitung, sie bieten dem interessierten Pilzfreund ein schier unerschöpfliches Studienmaterial.

Eichen-Hainbuchenwälder. Die Hain- oder Weißbuche ist ein recht anspruchsvoller Baum, der nicht zu trockene und nicht zu kalte, nährstoffreiche Lehm- und Mergelböden benötigt. Zusammen mit Eichen, Buchen und vielen anderen Laubbäumen und Sträuchern, besonders Vogelkirsche, Eschen und Ahornarten, Hasel und Weißdorn, bildet sie die Eichen-Hainbuchenwälder. Sie sind vor allem in der Ebene und in Hügelländern auf schwach sauren bis stark basischen Böden verbreitet. Im nördlichen Deutschland bilden sie auf den besseren Böden die häufigste Form des Laubwaldes. Der größte Teil von ihnen ist allerdings längst in Ackerland verwandelt, sie sind daher meist nur in Resten erhalten, als zwischen Feldstücken eingestreute Bauernwälder, als Waldrandstreifen neben größeren Forsten, als schmale Zonen Waldbäche begleitend oder besonders im Hügel- und

Kleine, vernachlässigte Bauernwälder wie dieser Eichen-Hainbuchenwald mit Stockausschlägen sind oft überraschend reich an Pilzarten

niedrigen Bergland an Böschungen und Berghängen. Je nach Säuregehalt und Feuchtigkeit des Bodens sind sie sehr verschiedenartig ausgebildet. Im Frühling blühen hier Buschwindröschen, Scharbockskraut und Himmelsschlüssel, im Mai die Sternmiere, dann Waldmeister, Hexenkraut und viele andere Kräuter neben Flattergras, Haarsimse oder Waldsegge, an saureren, trockeneren oder ausgeblasenen Stellen können auch Katharinenmoos oder Sternmoose vorherrschen.

Die Pilzflora der Eichen-Hainbuchenwälder ist aus mehreren Gründen ganz besonders artenreich. Alle in ihnen vorkommenden Bäume bringen die mit ihnen zusammenlebenden Pilze mit. Die meisten Arten findet man auf schwach sauren Böden, wo die säureliebenden Pilze, etwa der *Steinpilz*, noch gedeihen, andererseits aber auch solche Pilze leben können, die mildere Bodenreaktion bevorzugen. Von diesen kann zum Beispiel die *Herbsttrompete* in manchen Eichen-Hainbuchenwäldern als Massenpilz auftreten. Es erübrigt sich hier, einzelne Arten aufzuzählen, denn auf sauren Böden wächst ein großer Teil der Pilze, die auch in bodensauren Buchenwäldern leben; je weniger sauer der Untergrund ist, um so mehr Pilze milderer Bodenarten kommen hinzu, und die Pilzflora der Eichen-Hainbuchenwälder auf Kalk ähnelt derjenigen der Kalkbuchenwälder weitgehend, doch kann sie noch artenreicher sein als diese. Die Hainbuche selbst hat nur wenige spezielle Mykorrhizapilze, am bekanntesten sind der *Hainbuchenröhrling*, ein eßbarer, aber meist ziemlich seltener, kalkliebender Doppelgänger des Birkenpilzes, dessen Fleisch im Anbruch schwärzt, und der *Gebänderte Milchling* mit scharfem weißem Milchsaft.

Eichenforsten. Nicht selten werden reine Eichenbestände gepflanzt, meist an Stelle natürlicher Eichen-Hainbuchenwälder oder Buchen-Eichenwälder. Für die Ansiedlung von Bodenpilzen sind sie nicht immer geeignet, da die Eichen viel Licht durchlassen und daher der Waldboden meist völlig von Gräsern, Brombeeren oder Adlerfarn eingenommen ist. An geeigneten Stellen erscheinen die Mykorrhizapilze der Eichen zusammen mit Humuspilzen der Vorgesellschaften.
Auf sehr nährstoffarmen Sandböden wird gelegentlich die amerikanische Roteiche in Reinbeständen angebaut, zum Beispiel nördlich des Ruhrgebietes zum Ersatz der Kiefernforsten, die durch Luftverunreinigungen absterben. Ihre Pilzflora besteht im wesentlichen aus säureliebenden Humusbewohnern mit ähnlichen Arten, wie sie auch im Kiefernforst und Eichen-Birkenwald zu Hause sind, aber ohne die besonderen Gefolgspilze der Kiefern und Birken. Der häufigste eßbare Pilz in solchen Forsten ist meist der *Krempling*.

Erlen- und Birkenbruchwälder. Sie sollen hier nur am Rande erwähnt werden. Der Pilzsammler schlägt schon deshalb einen Bogen um diese Wälder, weil er dort nasse Füße bekommen würde und, durchaus mit Recht, wenig Eßbares darin erwartet. Bruchwälder finden sich am Ufer verlandender Seen, an toten Flußarmen, in feuchtquelligen Berglagen und Quellsümpfen, oder am Rande von Hochmooren. Ihre Ausbildung ist sehr verschieden mit mancherlei Übergängen, vom Erlensumpf auf nährstoffreichem Flachmoortorf mit artenreicher Kraut- und Strauchschicht und auffallenden Bülten riesiger Seggen bis zum Moorbirkenbruch auf Torf mit Bleichmoosen und Pfeifengras.
Wie alle Sonderstandorte enthalten auch die verschiedenen Bruchwälder eine eigene Pilzflora, die ein reizvolles Studienobjekt für den Pilzfreund darstellt. Erstaunlich zahlreich sind die Mykorrhizapilze der Erle, meist kleine *Erlenschnitzlinge*, oft wie gesät zu Hunderten auftretend, oder *Erlen-* und *Tellermilchlinge*, die kleinsten aller Milchlingsarten mit nur 1–3 cm Hutbreite. Auch der violettrote *Lilamilchling* ist an Erlenbruchwälder gebunden. Speisepilze gibt es hier kaum, eher in den Birkenbruchwäldern, wo der *Birkenpilz* zahlreich

Pilze auf einer Viehweide: 1 Düngerling und 2 Halbkugeliger Träuschling auf Mist, 3 Eierbovist, 4 Wiesenchampignon, 5 Sammethäubchen und 6 Kegeliger Saftling

in den Torfmoospolstern wächst, an moorigen Standorten meist weißlich gescheckt oder ganz blaß gefärbt. Hier wächst auch ein ausgezeichneter, wenig bekannter Speisepilz, der prachtvoll gelbe *Moortäubling*, der zuweilen schon im Juni in Mengen erscheinen kann, stets begleitet vom *Krempling*, der auch nichts dagegen hat, im Torfmoos mit »nassen Füßen« zu wachsen.

Pilze auf Wiesen und Weiden. Von den Pilzstandorten außerhalb der Wälder sind die Viehweiden dem Pilzsucher am besten bekannt, denn dort kann in manchen Jahren der *Wiesenchampignon*, einer der besten Speisepilze überhaupt, in Massen auftreten. Auch der Anfänger pflegt sich hier sicher zu fühlen, weil er weiß, daß die tödlich giftigen Knollenblätterpilze nur unter Bäumen wachsen. Doch hat auch der Wiesenchampignon Doppelgänger, die zuweilen mitgesammelt werden, weiße, mittelgroße *Schirmlinge (Lepiota excoriata, L. naucina)*, die an den weißen oder höchstens blaßrosa Lamellen zu erkennen sind; da diese Pilze eßbar sind, wäre eine solche Verwechslung harmlos. Dagegen ruft der zuweilen auf Weiden und Wiesen zahlreich auftretende *Karbolchampignon* heftige Magen- und Darmstörungen hervor. Er ähnelt mit seiner schlanken Gestalt und höherem Stiel weißen Anischampignons, man erkennt ihn am karbolartig-unan-

genehmen Geruch und am Gilben des Fleisches im Stielgrund nach dem Durchschneiden.
Sehr gefährlich wegen seines hohen Muskaringehalts ist der *Weiße Gifttrichterling*, ein ziemlich kleiner, in Reihen oder Ringen wachsender Pilz mit rein weißem Hut und blaßgelblichen, etwas am Stiel herablaufenden Lamellen, er hat schon Todesfälle verursacht! Niemand wird wohl auf den Gedanken kommen, die kleinen, hochstieligen Pilzchen mit glockigen Hüten zu Speisezwecken einzusammeln, die im Grase oder auf Dung wachsen, auch unter ihnen kommen giftige Arten vor.
Außer dem Wiesenchampignon kann man noch einige weitere Speisepilze auf Viehweiden finden: den weißen, rundlichen *Eierbovist*, der von oben fast genau wie ein junger Champignon aussieht und in jungem Zustand, in Scheibchen gebraten, recht wohlschmekkend ist, den noch größeren *Hasenbovist* mit felderiger Oberfläche, der bis 15 cm hoch werden kann oder sogar den gewaltigen *Riesenbovist*. In Reihen und Ringen wächst der wohlschmeckende *Feldschwindling*, der auch Kulturrasen bewohnt. Im Herbst erscheint der *Wiesenellerling*, ein im Habitus etwas an den Pfifferling erinnernder Lamellenpilz von einheitlich blaß ockerrötlicher Farbe mit herablaufenden, entfernt stehenden Lamellen, gleichfalls eßbar und gut.
Mehr vereinzelt im Tiefland, aber auf Gebirgswiesen oft in Mengen wachsen im Herbst kleine und mittelgroße Lamellenpilze mit leuchtenden roten und gelben Farben, die *Saftlinge*, die zu den schönsten Pilzen überhaupt gehören. Der größte von ihnen ist der *Scharlachrote Saftling*. Diese Pilze sind eßbar, die kleinen Arten aber nicht lohnend.
Erst später im Herbst, zur Zeit der ersten Nachtfröste, wächst auf Wiesen und Weiden, auch in grasigen Obstgärten ein recht großer Lamellenpilz mit blaßbräunlichem Hut und ähnlich gefärbten Lamellen, zu denen der schön lila gefärbte Stiel einen auffallenden Kontrast bildet, der *Lilastielige Rötelritterling*, kurz Lilastiel genannt. Der stets gesellig, meist in Hexenringen wachsende Pilz ist ein guter Speisepilz.
Auf Bergwiesen wächst im Frühling der *Mairitterling*, der in tieferen Lagen Waldbewohner ist, im Herbst fallen dort riesige weiße, trichterförmige Pilze, die *Riesentrichterlinge*, auf, deren Genuß nicht zu empfehlen ist; sie fehlen im Tiefland.
Sehr gepflegte Kulturwiesen enthalten oft nur wenig Pilze, besonders wenn sie reichlich mit Kunstdünger behandelt werden.

Pilze in Stadt und Garten. Mitten in Großstädten, an Straßenrändern, in Anlagen, auf Rasenflächen, an Schutt- und Abfallplätzen kann man Pilze finden, und sogar im eigenen Garten. Unter diesen Kulturfolgerpilzen, die mineralsalzreiches, vor allem stickstoffreiches Substrat lieben, befinden sich auch einige wertvolle Speisepilze. Der weiße *Stadtchampignon*, dem Wiesenchampignon ähnlich, aber dicker, stämmiger als dieser, mit oben abgeflachtem Hut und doppeltem Ring am Stiel, erregt bisweilen Aufsehen durch seine athletischen Kräfte, wenn er sich unter der Asphaltdecke von Gehsteigen oder unter Pflastersteinen entwickelt und diese hochstemmt. Er gehört zu den besten Champignons.

Ein grau- bis dunkelbrauner, kompakter und großer Verwandter, der *Kompostchampignon*, mit gleichfalls doppelt erscheinendem Ring und oft schmutzig-bräunlich gestiefeltem Stiel, wächst manchmal büschelweise in fetter Gartenerde. Als Speisepilz ist er nicht so empfehlenswert wie der etwas schmächtigere, in der Haltung mehr dem Wiesenchampignon ähnelnde, aber braunschuppige *Gartenchampignon* mit einfach beringtem Stiel, der sich gar nicht selten auf Komposthaufen ansiedeln und lange Zeit hindurch, ja sogar mehrere Jahre hinter-

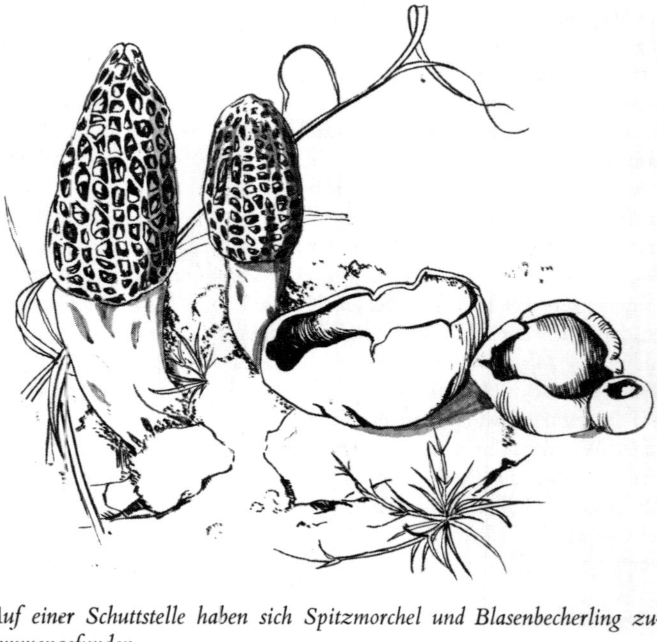

Auf einer Schuttstelle haben sich Spitzmorchel und Blasenbecherling zusammengefunden

einander, gute Ernten ergeben kann. Hier entsteht dann unerwartet eine Pilzzucht im eigenen Garten! Diese Art wird als die Stammform des Zuchtchampignons angesehen, weil sie wie dieser zweisporige Basidien hat (die übrigen Champignons haben viersporige Basidien). Unter Parkgebüschen kann sich auch der stattliche weiße *Schafchampignon* mit seinen schneeballrunden Hüten einfinden, einer der edelsten aller Speisepilze.

Unverkennbar ist der *Schopftintling* mit dem walzenförmigen hohen Hut. Er siedelt sich gern in Vorgärten, auf Parkwiesen und auf Schuttplätzen bei Brennesseln und anderen nitrophilen Pflanzen an, oft in ganzen Scharen. Junge Pilze schmecken ausgezeichnet. Der graubräunliche *Faltentintling* kann an ähnlichen Plätzen wachsen, auch am Grunde von Baumstämmen, meist in dichten Büscheln. Als Speisepilz ist er minderwertig. Besonders dort, wo Bauschutt aufgekippt wurde, können im Frühling sogar Morcheln erscheinen, meist die eßbare *Spitzmorchel*, bisweilen in riesigen Formen. Auf fetter, nackter Erde und auf Dung wachsen Kolonien des *Blasenbecherlings*.

Auf gepflegten Rasenflächen siedeln sich überraschend viele Kleinpilze an, besonders auffällig ist ein rotbraunes, rundhütiges Pilzchen mit dunklem durchwässertem Hutrand und scheckig-braunen Lamellen, das mit bewundernswerter Standhaftigkeit immer wieder erscheint, wenn der Rasen gemäht wurde, der *Heuschnittpilz*. Zuweilen wachsen *Eierboviste* im Rasen, und sogar der mächtige *Riesenbovist* ist schon auf Gartenland gefunden worden, der – in jungem Zustand eßbar – in einem einzigen Exemplar eine Familienmahlzeit ergibt.

Am Stammgrund älterer Apfelbäume erscheint im Spätherbst nicht selten der *Sparrige Schüppling*, dem Hallimasch ähnlich, aber als Speisepilz recht wertlos. Zu allem Überfluß ist er noch ein arger Schädling, der am Baum parasitiert und ihn abtötet. Von anderen solchen Schmarotzern an Obstbäumen war schon im Kapitel über die Parasiten die Rede.

Mit den genannten Arten ist die Zahl der in Stadt und Garten vorkommenden Pilze keineswegs erschöpft. In größeren Parkanlagen steigt die Artenzahl erheblich an, sie sind mitunter sehr bemerkenswerte Pilzstandorte, wo sich auch recht seltene, sonst kaum zu beobachtende Pilze zeigen. Auch eine Reihe von Waldpilzen tritt hier auf, darunter Giftpilze wie *Ziegelroter Rißpilz* mit Verwandten, *Riesenrötling* und *Grüner Knollenblätterpilz*. In Parkanlagen ist schon mancher Giftpilz aufgelesen worden.

Praxis des Pilzsammlers

Vom Sammeln und Zubereiten

In Deutschland gibt es kein »allgemeines Waldrecht« wie beispielsweise in Schweden, nach dem es jedem Mitbürger erlaubt ist, einen Wald zu betreten und nach Belieben Pilze zu suchen. Verbotstafeln sind fast zum Kennzeichen der deutschen Wälder geworden. Die meisten Waldbesitzer und die zuständigen Forstämter haben indessen nichts dagegen, wenn Pilzsammler den Wald betreten. Solange sie sich, wie das gerade bei dieser Gruppe von Menschen meist der Fall ist, rücksichtsvoll verhalten, kann kein nennenswerter Schaden im Walde entstehen. Das Wild verursacht viel größere Schäden an Jungpflanzen als der Mensch. Die Waldbrandgefahr wird durch Pilzsammler kaum erhöht, da in Dürreperioden keine Pilze wachsen.

Auch an der betrüblichen, durch die gleichgültige Einstellung zahlreicher Menschen in Stadt und Land der Natur gegenüber hervorgerufene Verschmutzung der Wälder durch weggeworfenes Papier, Dosen, Flaschen und anderes sind die Pilzsucher weniger beteiligt als die Picknickliebhaber. Eine bisweilen nachteilige Folge des Pilzsammelns ist lediglich die Beunruhigung des Wildes. Die Jagdpächter sind daher auch den »kleinen Konkurrenten von der Pilzjagd« nicht wohlgesinnt. In vielen Fällen ist es daher notwendig oder empfehlenswert, sich von zuständiger Seite eine schriftliche Erlaubnis zum Pilzsammeln zu holen, die in manchen Bezirken auch allgemein gegen eine geringe Gebühr ausgegeben wird.

Jeder Pilzsammler sollte aus Gründen des Naturschutzes, in seinem eigenen Interesse und in dem seiner Mitmenschen unbedingt die folgenden Regeln beherzigen:

- Nur genau bekannte Speisepilze sammeln.
- Zu alte Speisepilze, vermeintliche und wirkliche Giftpilze und unbekannte Pilze stehenlassen. Nie mutwillig Pilze zerschlagen oder zertreten, nicht einmal umstoßen. Alle erfüllen wichtige Aufgaben im Haushalt der Wälder.
- Versehentlich aufgenommene unbrauchbare Pilze mit Röhren oder

Lamellen nach unten hinlegen oder wiedereinpflanzen, damit die Sporen noch ausfallen können.

- Zu junge Speisepilze sollen gleichfalls stehenbleiben. Es gibt keine üblere Unsitte als die, Waldstreu oder Moosrasen nach darunter verborgenen Pilzen aufzuwühlen oder gar abzuharken. Dadurch kann das Myzel an dieser Stelle vernichtet werden.
- Bodenpilze vorsichtig ausdrehen, nicht abschneiden. Gerade die gefährlichsten Giftpilze besitzen wichtige Kennzeichen am Stielgrund. Das Messer wird nur zum Abschneiden der Baumstumpfpilze und zum Reinigen benutzt.
- Nur in luftigen Körben sammeln, am besten in Spankörben. In Tragtaschen und Beuteln werden Pilze zerdrückt, sind später unkenntlich (Gefahr durch unerkannte Giftpilz-Bruchstücke!) und faulen rascher. Nichts fördert die Zertrümmerung, Verschmutzung und frühzeitige Verwesung der Pilze mehr als das Sammeln in Frischhaltebeuteln.
- Nur frische, einwandfreie Pilze mitnehmen.
- Sauber sammeln. Pilze von anhaftender Erde, Laub- und Nadelstreu reinigen, ehe sie in den Korb gelangen.
- Frisch gefrorene Pilze (am Morgen nach einem Nachtfrost) können gesammelt werden, nicht aber wieder aufgetaute, da sie dann meist abgetötet sind und sofort zersetzt werden (Vergiftungsgefahr).

Der Nährwert der Pilze. Er ist früher oft überschätzt oder von eifrigen Propagandisten des Pilzsammelns übertrieben worden. Pilze sind gewiß nicht »das Fleisch des Waldes«, sie können in bezug auf ihren Gehalt an verdaulichen Eiweißen keinesfalls Fleisch ersetzen, eher durch ihre hervorragenden, die Verdauungssäfte anregenden Geschmacksstoffe, auch durch ihren Gehalt an einigen wichtigen Salzen und Vitaminen. Die aus einem dem Chitin des Insektenpanzers verwandten Stoff bestehenden Zellwände sind völlig unverdaulich, und auch die Pilzeiweiße sind oft nur schwer aufschließbar, am besten noch bei Champignons und Steinpilzen. Der Nährwert von Pilzen entspricht etwa dem von Gemüsen.

Vorbereitung für die Küche. Frisch gesammelte Pilze sollen möglichst rasch zubereitet und verzehrt werden, noch am Sammeltage oder am folgenden Tag. Pilze faulen rasch, besonders bei warmer Witterung, und sie sind auch dann oft mit Eiern oder kleinen Larven parasitischer Insekten belegt, wenn man dies beim Aufnehmen noch nicht entdeckt; der Appetit der Pilzmaden und ihre Wachstumsgeschwindigkeit können aber gar nicht überschätzt werden. Muß man die Pilze wirklich einmal über Nacht liegenlassen, dürfen sie nie im Sammelkorb verbleiben. Man breite sie an einem kühlen und luftigen Ort aus; da die Larven der Pilzmücken und -fliegen meist nach aufwärts fressen, mit dem Stiel nach oben. Nur wenige Arten, beispielsweise der Pfifferling, der auch nur selten von Maden angegriffen wird, vertragen längeres Lagern. Auch wenn die Pilze erst am nächsten Tag gegessen werden sollen, ist zu empfehlen, sie abends wenigstens noch vorzubereiten oder auch noch kurz zu erhitzen oder anzuschmoren.

Das Putzen der Pilze muß mit größter Sorgfalt geschehen, denn hierbei erfolgt die letzte Kontrolle jedes einzelnen Exemplars auf Giftpilze. Weiche, stark wassergetränkte und zu stark vermadete Pilze werden ausgeschieden. Die verschmutzten, oft zähfaserigen oder mit Larven besetzten unteren Stielteile werden weggeschnitten. Die Huthaut soll nicht abgeschält werden, denn sie enthält konzentrierte Geschmacksstoffe, nur bei schleimigen Pilzen wird sie abgezogen. Röhren von Steinpilz, Maronenpilz und den übrigen Röhrlingen werden bei älteren, nicht aber bei jungen Pilzen entfernt. Lamellen sollen stets am Hut bleiben, Schmutzteilchen zwischen ihnen kann man meist durch Klopfen auf den Hut herausbringen.

Grundsätzlich sollten Pilze nicht gewaschen werden, da sonst viel Waschwasser aufgesaugt und die wertvollen Geschmackstoffe ausgelaugt werden. Wenn sauber gesammelt wurde, erübrigt sich das Waschen fast immer. Anhaftende Erdteilchen, Sand und dergleichen können auch mit einem angefeuchteten Tuch entfernt werden. Überbrühen bzw. Abkochen (kurzes, etwa 3–5 Minuten langes Aufkochen und Fortschütten des Kochwassers) ist nur für wenige Pilze mit zu starken, bitteren oder scharfen Geschmacksstoffen notwendig, beispielsweise beim Mairitterling, der sonst manchmal zu aufdringlich schmecken kann, oder bei einigen auch sonst wenig wertvollen Pilzen, wie Habichtspilz, Stoppelpilz, Ziegelroter Schwefelkopf, Sparriger Schüppling, sowie Milchlinge und Täublinge mit nur schwacher Schärfe. Gefährliche Giftstoffe können aber dabei nicht entfernt werden; auch bei der Frühlorchel, die stets abgekocht werden muß, gelingt dies nur teilweise.

Zum Schmoren oder Braten sollen möglichst nur Emailletöpfe und -pfannen oder Geräte aus feuerfestem Glas verwendet werden.

Bezüglich des Aufbewahrens und Wiederverwendens von Pilzgerichten gelten die gleichen Regeln, die die Hausfrau auch bei Fleisch, Fisch und Gemüsen beachten muß. Bei bakterieller Eiweißzersetzung können

Giftstoffe entstehen. Beim geringsten Anzeichen einsetzender Fäulnis, besonders von unangenehmem Geruch dürfen die Pilze nicht wieder verwendet werden.
Über die vielseitigen Verwendungs- und Zubereitungsmöglichkeiten in der Küche unterrichten die Kochbücher oder besonderen Pilzkochbücher. Durch geschickte Zubereitung kann ein Pilzgericht unerhört verfeinert werden, und es gibt eine ganze Stufenleiter der Pilzküche vom einfachen Dünsten oder Braten bis zu den raffinierten Rezepten der französischen Meisterköche, die sogar für jedes ihrer erlesenen Pilzgerichte einen ganz bestimmten Wein empfehlen, den man dazu trinken sollte.

Konservierung. Nur selten wird man so riesige Pilzbeuten machen, daß man sie in einer Familienmahlzeit nicht bewältigen kann. Bleibt einmal ein Überschuß, so läßt er sich auf verschiedene Weise konservieren. Am bekanntesten ist das Einwecken oder Eindosen mit Hilfe des Sterilisierapparates, hierbei ist zu empfehlen, den Vorgang nach einem Tage zu wiederholen. Das Trocknen von Pilzen kann bei sonnigem Wetter im Freien erfolgen, sonst mit Hilfe von beheizten, gut belüfteten Trockenapparaturen. Aus Trockenpilzen kann man durch Zermahlen Pilzpulver gewinnen, eine vorzügliche Soßenwürze. Weniger häufig verwandte Methoden sind Einsalzen, Silieren, Einlegen in Essig oder Herstellung von eingedicktem Pilzextrakt als Würzmittel.

Pilzvergiftungen

Alljährlich berichten die Zeitungen, oft in großer Aufmachung, über Pilzvergiftungen mit tragischem Ausgang. Nicht selten sind ganze Familien das Opfer, besonders häufig Kinder, die weniger Widerstandskraft besitzen. Bei allem Mitgefühl für die Betroffenen sollte aber nicht vergessen werden, daß Pilzvergiftungen nicht etwa als eine Art unvermeidbarer Unglücksfälle angesehen werden dürfen, sondern immer auf dem Leichtsinn des für Sammeln und richtige Bestimmung Verantwortlichen beruhen und daher auch juristisch den Tatbestand der fahrlässigen Tötung erfüllen.

Die Verantwortung. Wer Giftpilze sammelt und sie anderen Menschen zur Speise vorsetzt, handelt genauso leichtsinnig wie ein Autofahrer, der etwa mit vollbesetztem Wagen an einer Kreuzung ein Halt-Schild überfährt. Der Kraftfahrer wird gründlich belehrt und geprüft, ehe er sich ans Steuer setzen darf; übertritt er eine der Ver-

kehrsregeln, droht ihm Bestrafung. Einen »Pilzführerschein« aber gibt es nicht. Jeder Sammler ist selbst verantwortlich und hat also auch für seine eigene Ausbildung zum Pilzkenner zu sorgen.
Giftpilze, auch Knollenblätterpilze, sind stets zu erkennen, wie auch Speisepilze ihre sicheren Kennzeichen haben. Sind die Kennzeichen einmal undeutlich, so darf ein solcher Pilz jedenfalls nicht gegessen werden. Wer zu wenig Beobachtungsgabe besitzt, um diese Kennzeichen zu erkennen und behalten zu können, oder wer zu bequem ist, durch Studium im Pilzbuch und am Objekt sich die nötigen Kenntnisse anzueignen, ist zum Pilzsammeln ebenso ungeeignet wie ein körperlich untüchtiger Autofahrer oder einer, der ohne Führerschein fährt. Wer sich's nicht zutraut, sollte auch den Mut haben, es zu lassen, denn schließlich ist heute bei uns niemand mehr in solcher Notlage, daß er aufs Pilzsuchen zu Nahrungszwecken unbedingt angewiesen wäre.
Es sind durchaus nicht immer Anfänger, die durch Fehlbestimmungen Pilzvergiftungen verursachen. Jahrelanges »unfallfreies« Pilzsammeln und -essen führt nicht selten zu einem falschen Sicherheitsgefühl und zur Selbstüberschätzung, obwohl man vielleicht nur das Glück hatte, bisher keinem gefährlichen Giftpilz zu begegnen. Auch falsches Autoritätsgefühl (»Vater kennt alle Pilze«) führt zur Minderung der Selbstkritik.

Falsche und richtige Regeln. Immer noch ist von unfehlbaren Rezepten die Rede, durch die man Giftpilze erkennen können soll. Noch vor kurzem veröffentlichte eine Tageszeitung auf der Hausfrauenseite unter eingesandten »Praktischen Ratschlägen« eine solche Regel: Man solle im Pilzgericht einen geputzten silbernen Löffel mitkochen. Zeige dieser dabei Anlauffarben, so seien Giftpilze vorhanden, andernfalls nicht. Statt der Honorierung mit fünf Mark für diesen »klugen Rat« hätte die Einsenderin eher bestraft werden sollen; denn derartiger hundertfach widerlegter Unsinn kann den Tod eines Menschen oder ganzer Familien zur Folge haben. Es gibt noch andere solcher »Patentmittel«, so soll Schneckenfraß an Pilzen deren Ungiftigkeit beweisen, dagegen Verfärbung des Fleisches Giftgehalt anzeigen. Knollenblätterpilze werden aber gern und ohne Schaden von Schnekken gefressen, und Blaufärbung etwa bei Röhrlingen ist ein einfacher Oxydationsvorgang harmloser Stoffe.
Das einzige Rezept bleibt also: *der Pilzsammler muß jeden einzelnen gesammelten Pilz sicher kennen* und auch über die Verwechslungsmöglichkeiten mit giftigen Doppelgängern Bescheid wissen.
Eine Grundregel sei aber hier doch dem Anfänger mitgeteilt:

Sammle nie Blätterpilze mit weißen Lamellen!
Diese Regel schützt zwar keineswegs vor jeder Pilzvergiftung, und sie darf nicht umgekehrt verstanden werden in dem Sinne, daß Pilze mit farbigen Lamellen ohne weiteres eßbar seien, aber sie schützt wenigstens mit Sicherheit vor der schlimmsten aller Pilzvergiftungen, nämlich der durch Knollenblätterpilze. Erst wer Knollenblätterpilze so gut kennt, daß er sie mit Sicherheit von anderen weißlamelligen Arten unterscheiden kann, darf von dieser Regel abgehen.

Giftpilze. Die genaue Zahl aller in Mitteleuropa vorkommenden Pilze, deren Verzehr leichtere oder schwerere Erkrankungen beim Menschen hervorruft, ist nicht bekannt. Unter den vielen Pilzen, die normalerweise nicht zu Speisezwecken gesammelt werden, mögen noch manche giftige Arten sein. Vor wenigen Jahren erst wurde in Polen überraschend festgestellt, daß der Orangefuchsige Hautkopf *(Dermocybe orellana)* aus der Gruppe der Schleierlinge, die man bis dahin allesamt für ungiftig gehalten hatte, für eine ganze Reihe von Todesfällen verantwortlich war. In Deutschland können etwa 80 größere Pilze giftig oder wenigstens unter bestimmten Bedingungen unbekömmlich wirken. 20 davon verursachen schwere, zum Teil tödliche Vergiftungen. Da man bei Anzeichen einer Pilzvergiftung ja zunächst nicht weiß, ob ein harmloserer oder schwerer Giftpilz die Ursache ist, soll man *immer einen Arzt zuziehen!*

Knollenblätterpilze. Fast sämtliche tödlichen Pilzvergiftungen gehen auf drei Arten der Gattung *Amanita*, den Grünen, den Kegelhütigen und den Frühlings-Knollenblätterpilz zurück, von denen der erste weitaus am häufigsten ist. In ihrer Verbreitung ergänzen sie sich so, daß man in Waldgebieten nirgendwo völlig vor ihnen sicher sein kann. Auch in geringer Menge genossen verursachen sie normalerweise den Tod. Die Vergiftung ist deshalb besonders gefährlich, weil die verschiedenen Gifte dieser Pilze (Amanitine und Phalloidin) zunächst keine Abwehrreaktion des Körpers im Magen oder Darm hervorrufen und durch den Verdauungstrakt in die Leber gelangen, die sie schwer schädigen oder zerstören. Daher treten die ersten Anzeichen der Vergiftung frühestens nach 6–8, meist nach 10–12, seltener noch nach 15–40 Stunden nach der Mahlzeit auf: schmerzhaftes Erbrechen, schwere Darmstörungen, heftige Koliken, Schweißausbrüche, großes Durstgefühl, Kaltwerden der Gliedmaßen, Eingeweidekrämpfe, Kreislaufstörungen mit schwachem Puls, Sinken des Blutzuckerspiegels und des Blutdrucks, hochgradig nervöse Zustände

Die oft im Boden verborgene Hülle am Stielgrund kennzeichnet den Kegelhütigen Knollenblätterpilz, einen lebensgefährlichen Doppelgänger der weißen Champignons

gefolgt von täuschenden Beruhigungsperioden und schließlich der Tod meist am dritten Tag, bei Kindern noch früher; zuweilen kann der Tod noch nach zwei Wochen eintreten.
Wenn also viele Stunden nach einer Pilzmahlzeit Vergiftungssymptome auftreten, besteht immer Verdacht auf Knollenblätterpilzvergiftung; sofortiges Eingreifen des Arztes und Überführung ins Krankenhaus sind notwendig. Zur Therapie gehören kreislaufstützende Maßnahmen durch verschiedenartige Injektionen, Traubenzuckereinspritzungen und andere Maßnahmen, die aber den schwersten Schaden, die Zersetzung der Leber, kaum aufhalten können. Viele Methoden sind mit wechselndem Erfolg versucht worden. Im berühmten Institut Pasteur in Paris ist ein antitoxisches Pferdeserum nach Dujarric de la Rivière entwickelt worden, das bei rechtzeitigem Einsatz gute Erfolge gezeitigt hat, aber nicht in allen Fällen. Wie alle solche Sera hat es aber den Nachteil, daß es nur begrenzte Zeit haltbar ist, und es kann natürlich auch nicht überall gleich und in ausreichender Menge zur Verfügung stehen.

Früh- oder Giftlorchel. Nicht abgekochte Frühlorcheln rufen äußerst schwere Vergiftungen mit oft tödlichem Ausgang hervor, aber auch vorschriftsmäßig behandelte Pilze wirken bei manchen Personen noch giftig, oder es kommt bei mehreren Lorchelmahlzeiten nacheinander zu Giftwirkungen. Der Pilz hat sich als derart unberechenbar erwiesen, daß es besser scheint, ihn ganz von der Liste der Speisepilze zu streichen.
Das Gift, vermutlich wenigstens zum Teil die Helvella-Säure, ruft nach einer längeren Inkubationszeit von mehreren Stunden bis zu einem Tage sehr heftige Reaktionen hervor: schmerzhaftes Erbrechen, Übelkeit, Kopfschmerzen, Durchfälle, später Fieber, Versagen der Leberfunktionen, Gelbsucht, Kreislaufstörungen; unter Umständen tritt nach drei bis vier Tagen der Tod ein. Die Vergiftungserscheinungen sind also ähnlich wie beim Knollenblätterpilz. Ursache und physiologischer Ablauf sind noch nicht völlig geklärt, ebensowenig die eigenartige Tatsache, daß manche Menschen offenbar überhaupt nicht, andere sehr schwer erkranken. Kinder sind besonders gefährdet, ihnen sollte man nie Lorcheln zu essen geben.

Fliegen- und Pantherpilz. Fliegenpilzvergiftungen sind selten, da der Pilz kaum zu verkennen ist. Pantherpilzvergiftungen ereignen sich aber in manchen Jahren, wenn der wenig häufige und nicht allgemein bekannte Pilz einmal Massenauftreten zeigt. Beide Pilze wirken besonders auf das Nervensystem. Die Giftstoffe, Muskarin und das sogenannte Pilzatropin, verursachen bei gleichzeitiger Einwirkung hochgradige, rauschartige Erregungszustände bis zu Tobsuchtsanfällen, Halluzinationen, Bewußtseinstrübung, Atemnot, Pupillenkontraktionen oder -erweiterungen, Schweißausbrüche, dazu oft, aber nicht immer, Erbrechen und Durchfall. Zuletzt treten tiefe Erschöpfungszustände und langer, meist zur Gesundung führender Schlaf ein.
Die Erscheinungen beginnen bald nach der Mahlzeit, die Giftstoffe können daher durch sofortiges ärztliches Eingreifen wenigstens teilweise aus Magen und Darm entfernt werden. Die Vergiftungen führen beim Fliegenpilz kaum jemals, beim Pantherpilz zuweilen zum Tode.

Ziegelroter Rißpilz. Dieser nicht ungefährliche Giftpilz enthält in hoher Konzentration den Giftstoff Muskarin. Die Vergiftungserscheinungen treten bald nach der Mahlzeit ein und äußern sich in Schweißausbrüchen, starkem Tränen- und Speichelfluß, Durchfall, Sehstörungen unter Pupillenverengung und Pulsverlangsamung. Als gutes Gegenmittel haben sich orale Einnahme von Atropinsulfat, in ernsten Fällen subkutane Injektionen mit diesem Stoff erwiesen. Todesfälle durch diesen Pilz sind nur selten bekannt geworden. Ähnliche Erscheinungen rufen auch zahlreiche weitere muskarinhaltige Rißpilze, einige weiße Trichterlinge, Fälblinge usw. hervor.

Giftpilze, die auf Magen oder Darm wirken. Zu dieser Gruppe gehören die meisten unserer Giftpilze, von denen Tigerritterling, Riesenrötling, Satanspilz, Blasse und Schöne Koralle, Karbolchampignon, Grünblättriger Schwefelkopf und bestimmte braune Ritterlinge die bekanntesten sind. Bald nach dem Genuß treten Übelkeit, Leibschmerzen, Schwitzen, Erbrechen und Durchfall ein. Die Behandlung erfolgt durch Entfernen der Giftpilze aus Magen und Darm durch künstliches Erbrechen, Abführmittel oder Klistiere, in schlimmen Fällen auch Magenauspumpen, sofern der Körper nicht selbst für Entleerung sorgt. Einnehmen von Kohle und Ruhe pflegen zur Erholung beizutragen, nur in schwereren Fällen ist längere Bettruhe erforderlich. Lebensgefährlich sind diese Vergiftungen normalerweise nicht. Der Faltentintling verursacht Vergiftungen, wenn gleichzeitig mit der Mahlzeit oder nachher Alkohol genossen wird.

Pilze, die roh giftig wirken. Eine Reihe von bekannten Speisepilzen enthält giftig wirkende Stoffe, die bei höheren Temperaturen, also im allgemeinen bei der Zubereitung, zerstört werden. Roh genossen rufen sie Vergiftungen hervor. Besonders der Krempling ist roh sehr gefährlich und hat mehrfach Todesfälle verursacht, er ist auch gekocht nicht immer harmlos. Auch Perlpilz, Streiflinge, Schirmlinge, Hallimasch, Nebelgrauer Trichterling, Hexenröhrlinge und manche andere sind in rohem Zustand unbekömmlich, man sollte daher grundsätzlich vom Rohgenuß von Pilzen absehen und muß beachten, daß die Pilze bei der Zubereitung genügend lange Zeit erhitzt werden.

»Falsche« Pilzvergiftungen. Hierunter versteht man Unwohlsein nach einer Pilzmahlzeit, die keine Giftpilze enthält. Verdorbene, beispielsweise nach zu langer Zeit wiederaufgewärmte oder bei warmer Witterung sich zersetzende Pilze können heftige Magen- und Darmstörungen bewirken. Nicht selten sind auch Erbrechen oder Durchfall Folgen einer zu reichlichen Pilzmahlzeit; man vergesse nie, daß Pilze relativ schwer verdaulich sind und überlade daher den Magen nicht. Schließlich gibt es bei sensiblen Menschen »eingebildete Pilzvergiftungen«, bei denen heftige Reaktionen einsetzen, wenn sie nach der Mahlzeit Angst bekommen, sie hätten Giftpilze gegessen.

Beschreibungen der Pilzgruppen und Einzelarten

*** hervorragender Speisepilz
** guter Speisepilz
* eßbar
o* nach besonderer Vorbehandlung eßbar
o ungenießbar
† giftig
†† tödlich giftig

Der Steinpilz und seine Verwandtschaft

Unter den in mehr als 50 Arten in Mitteleuropa vorkommenden Röhrenpilzen sind die Dickröhrlinge *(Boletus)* durch ihre oft klobig-massige Gestalt mit in der Jugend bauchig angeschwollenem Stiel besonders eindrucksvolle Pilzgestalten. Sie können zuweilen recht beachtliche Größe erreichen, man hat nicht selten Steinpilze von 30 cm Hutbreite und 1 Kilo Gewicht gefunden. Die meisten Dickröhrlinge tragen auf dem Stiel eine feine Netzzeichnung. Beim Steinpilz ist sie weißlich und hebt sich kaum vom blaßbraunen Stiel ab, beim Schönfußröhrling aber sehr auffällig karminrot, ebenso beim Netzstieligen Hexenpilz. Sehr feinmaschig ist das Netz beim Satanspilz. Der den Dickröhrlingen nahestehende Gallenpilz *(Tylopilus)* trägt am Stiel ein braunes, erhabenes Adernetz, an dem er vom Steinpilz zu unterscheiden ist.

Vom gewöhnlichen Steinpilz gibt es einige Abarten. Unter Kiefern und in Gebirgsfichtenwäldern findet man nicht selten den Kiefernsteinpilz mit anfangs feinsamtigem, dunkelrotbraunem Hut, auch der Stiel ist stärker rötlichbraun gefärbt. Die Poren sind weißgelblich bis olivbräunlich und flecken an Druckstellen rostbraun. Schon im Frühsommer erscheint der Sommer- oder Eichensteinpilz, der sich durch einheitlich graugelbliche oder blaßbraune Farben an Hut und Stiel und ein bis zum Stielgrund reichendes Adernetz auszeichnet. Sein Fleisch ist unmittelbar unter der Huthaut schon weiß, nicht braunrötlich wie beim Steinpilz. In warmen Gegenden Süddeutschlands wächst in manchen Jahren der Bronzeröhrling mit dunkelbraunem, ja oft fast schwarzbraunem Hut. Alle diese Steinpilz-Verwandten sind edelste Speisepilze.

Anders steht es mit den Dickröhrlingen, die durch rote Farben an Poren oder Stiel auffallen. Man sollte jedenfalls alle diejenigen Arten meiden, die ein rotes Adernetz am Stiel zeigen. Sie sind, wie der Schönfußröhrling, bitter oder sogar, wie der Satanspilz, giftig. Von den braunhütigen, stark blau anlaufenden Hexenröhrlingen ist der Netzstielige Hexenpilz mit rotem Stielnetz giftverdächtig, so daß von den rotporigen Röhrlingen als Speisepilz nur der Flockenstielige Hexenpilz empfohlen werden kann, der an seinem ungenetzten, aber dicht rotflockigen Stiel erkannt wird. Einige weitere Dickröhrlinge sind selten und bedürfen der Schonung.

STEINPILZ *auf saurem Waldboden mit Preiselbeeren, Drahtschmiele und Birkenlaub*

Steinpilz, Herrenpilz *(Boletus edulis)* ★★★

> *Großer braunhütiger Röhrling mit grauweißlichen bis olivgrünlichen Röhren, blassem Stielnetz und weißem, an der Luft unveränderlichem Fleisch.*

HUT 8–25 cm breit, anfangs rundlich, später kissenförmig gewölbt, glatt und bei feuchtem Wetter etwas klebrig, blaßbraun, gelbbraun, rotbraun oder dunkelbraun. RÖHREN anfangs weißlich, dann gelblich und zuletzt schmutzig olivgrünlich, leicht als Ganzes vom Hut ablösbar. STIEL 7–20 cm hoch und 3–7 cm dick, anfangs bauchig, sich allmählich streckend und zuletzt zylindrisch, blaßbräunlich oder weißlich mit feinem weißem Adernetz. FLEISCH weiß, unter der Oberhaut rötlich, anfangs fest, zuletzt schwammig-weich, mit angenehmem, nußartigem Geschmack. VORKOMMEN: Von Juli bis Oktober überall in Nadel- und Laubwaldgesellschaften auf sauren Böden verbreitet, jedoch nur in manchen Jahren häufig. WERT: Einer unserer besten Speisepilze, sehr schmackhaft in großen Scheiben paniert gebraten. VERWECHSLUNG: Junge Gallenpilze sind durch braunes Stielnetz und bitteren Geschmack zu unterscheiden! (Eßbare Steinpilz-Abarten siehe S. 64.)

Gallenpilz *(Tylopilus felleus)* o

Hellen Steinpilzen ähnlicher Röhrling mit weißen, dann rosa Röhren, braunem Stielnetz und gallebitterem Geschmack.

HUT 6–12 cm breit, anfangs rundlich, später kissenförmig gewölbt, trocken und sehr feinfilzig, ziemlich hell gelbgrau oder mattbraun. RÖHREN zuerst weißlich, dann rosa mit an Druckstellen braunfleckenden Mündungen, bei älteren Pilzen stark nach unten gewölbt und am Stiel tief eingebuchtet. STIEL bis 9 cm hoch, anfangs bauchig, dann sich streckend, auf hell bräunlichem Grund mit erhabenem, im unteren Teil dunkler olivbraunem, sehr deutlichem Adernetz. FLEISCH weiß, etwas rosa werdend, schon beim Anlecken einer Schnittstelle sofort bitter schmeckend. VORKOMMEN: Besonders in Kiefern- und Fichtenwäldern auf saurem Untergrund, in Norddeutschland auch in Eichen-Birkenwäldern und Buchen-Eichenwäldern. WERT: Wegen des sehr bitteren Geschmacks völlig ungenießbar, schon durch einen einzigen kleinen Gallenpilz kann ein ganzes Steinpilzgericht verdorben werden.

Schönfußröhrling *(Boletus calopus)* o

Sehr hellhütiger Röhrling mit prachtvoll karminrotem Adernetz auf dem oben gelben Stiel, mit gelben Röhrenmündungen und bitter schmeckendem Fleisch.

HUT 7–15 cm breit, anfangs rundlich, dann gewölbt mit stark herabgebogenem Hutrand, hell gelblich-olivgrau. RÖHREN blaßgelb, dann grünlichgelb, mit gelben Mündungen, die an Druckstellen etwas blaugrünlich verfärben. STIEL anfangs ziemlich kurz und bauchig, später sich streckend, unten karminrot, oben goldgelb gefärbt und in der Mitte mit deutlichem karminrotem Adernetz. FLEISCH fest, weißlichgelb, nach dem Anschneiden etwas blau anlaufend, mit bitterem Geschmack. VORKOMMEN: Von Juli bis Oktober zerstreut besonders in Buchenwaldgesellschaften auf saurem Untergrund, auch unter Fichten. WERT: Ungenießbar und unbekömmlich. VERWECHSLUNG: Wird gelegentlich für den Satanspilz gehalten, der aber rote, nicht gelbe Röhrenmündungen und ein feineres Stielnetz besitzt. ANDERER NAME: Dickfußröhrling.

Moosreiche Kiefernwälder auf Sandböden sind bevorzugte Standorte des GALLENPILZES

Junger SCHÖNFUSSRÖHRLING *in einem Rasen des Gemeinen Sternmooses. Er wächst am liebsten in Buchenwäldern*

Flockenstieliger Hexenpilz *(Boletus erythropus)* ★★

Braunhütig-feinfilziger Dickröhrling mit blutroten Röhrenmündungen, rotflockigem Stiel und gelbem, rasch und kräftig blau anlaufendem Fleisch.

HUT 7–20 cm breit, anfangs halbkugelig und feinfilzig, dann kissenförmig bis flach und kahl werdend, rehbraun bis tief dunkelbraun. RÖHREN grünlichgelb, beim Anbrechen blauend, ihre Mündungen aber rostrot bis dunkel blutrot, an Druckstellen blauend. STIEL anfangs bauchig, dann gestreckt, auf gelblichem Grund dicht mit roten Flöckchen bedeckt. FLEISCH fest, gelb, beim Anschneiden augenblicklich grün–tiefblau anlaufend, wie auch der ganze Pilz überaus druckempfindlich ist und beim Anfassen sofort verfärbt. VORKOMMEN: Von Ende Mai bis Oktober verbreitet besonders in Buchen- und Fichtenwäldern auf sauren Böden, kalkmeidend. WERT: Guter Speisepilz, muß aber ausreichend lange erhitzt werden. VERWECHSLUNG ist kaum möglich, wenn man auf die flockige – nicht netzige! – Stielbekleidung achtet. ANDERER NAME: Schusterpilz.

Satanspilz *(Boletus satanas)* †

Klobig-massiger Röhrling der Kalkbuchenwälder mit fast weißem Hut, roten Röhrenmündungen, rotnetzigem Stiel und weißlichem, nur schwach blauendem Fleisch.

HUT 8–20 (–30) cm breit, anfangs halbkugelig, dick und fest, später polsterförmig, weißlich bis silbergrau, zuletzt mit gelblichen oder grünlichen Tönungen. RÖHRENMÜNDUNGEN erst orange, dann intensiv blutrot, zuletzt olivlich. STIEL ungewöhnlich kurz und dick, anfangs kugel- oder eiförmig, später immer noch bauchig, oben goldgelb, unten karminrot, mit feinem rotem Adernetz. FLEISCH sehr dick, weiß bis gelblichweiß, nur wenig blauend, Geschmack mild, Geruch alter Pilze unangenehm. VORKOMMEN: Im Hochsommer und Frühherbst in Laubwaldgesellschaften auf kalkhaltigem Boden, meist unter Buchen, in Norddeutschland sehr selten, im Süden zerstreut. GIFTGEHALT: Besonders in rohem Zustand, aber auch gekocht giftig. VERWECHSLUNG: Oft wird der häufigere braunhütige NETZSTIELIGE HEXENPILZ für den Satanspilz gehalten.

Der FLOCKENSTIELIGE HEXENPILZ *bevorzugt saure Waldböden, hier wuchs er unter Buchen auf humosem Sand*

Der SATANSPILZ *gehört zu den seltenen Röhrlingen. Gern wächst er an Rändern lichter Buchenwälder auf Kalkboden*

Filzröhrlinge, Schmierröhrlinge und Rauhstielröhrlinge

Der charakteristischste Vertreter der Filzröhrlinge *(Xerocomus)* ist die Ziegenlippe. Ihre Hutoberfläche fühlt sich an wie feines Wildleder. Beim nah verwandten Rotfußröhrling springt die anfangs samtige Huthaut bald in regelmäßige Felderchen auf. Auch der Maronenpilz hat zuerst einen feinfilzigen Hut, wird aber später glatt und bei Feuchtigkeit sogar schmierig. Die Filzröhrlinge sind geschätzte Speisepilze. Sie wachsen meist auf sauren Böden der Laub- und Nadelwälder. Ein merkwürdiger Sonderling in dieser Gattung ist der Schmarotzerröhrling, der auf lebenden Kartoffelbovisten parasitiert.

Die Schmierröhrlinge *(Suillus)* zeichnen sich durch ihre schmierige, abziehbare Huthaut aus, die bekannteste Art ist der Butterpilz. Manche Sammler verwenden diesen Namen auch für alle Schmierröhrlinge. Alle Arten leben mit Nadelbäumen zusammen und bilden mit ihnen Mykorrhizen. Bei der Kiefer finden wir den Butterpilz, auf Kalkboden außerdem den Körnchenröhrling oder Schmerling. Auch Sand- und Kuhröhrling folgen der Kiefer. Der seltene weißliche Elfenbeinröhrling hat sich auf fünfnadelige Kiefern spezialisiert und wächst nur mit Weymouthskiefern und Arven. Mit der Lärche leben Goldröhrling, Grauer und Rostroter Lärchenröhrling zusammen. Alle diese Schmierröhrlinge sind geschätzte Speisepilze, wenn auch weichfleischig und oft mühsam zu reinigen. Eine Ausnahme bildet nur der kleine Pfefferröhrling, leicht kenntlich am gelbbraunen Hut mit rostroten Röhren und im Stielgrund lebhaft zitronengelbem Fleisch. Er schmeckt äußerst pfeffrig-scharf und kann allenfalls in kleinen Mengen zum Würzen eines Pilzgerichtes benutzt werden.

Bei den Sammlern noch beliebter sind die Rauhstielröhrlinge *(Leccinum)*. Ihr Stiel ist im Verhältnis zum Hut auffallend hoch und auf weißlichem Grund meist schwärzlich oder braun geschuppt, er fühlt sich daher rauh an. Die Birkenröhrlinge und Rotkappen zählen zu den beliebtesten Speisepilzen überhaupt. Der Birkenpilz wird allerdings im Alter rasch sehr weich und kann daher nur in jungem Zustand verwandt werden. Rotkappen haben dickes, festes weißes Fleisch, das nach dem Anschneiden und beim Kochen allmählich schwarzgrau verfärbt, was den Speisewert nicht mindert. Alle Rauhstielröhrlinge sind vorwiegend Mykorrhizapilze verschiedener Laubbäume, besonders von Birken, Espen oder Hainbuchen.

MARONENPILZE *im Kiefernwald. Am Boden Wellblättriges Besenmoos und Preiselbeere*

Maronenpilz *(Xerocomus badius)* ★★★

Mittelgroßer rotbrauner oder brauner Röhrling mit grünlichgelben, an Druckstellen blauenden Röhren, blauendem Fleisch und bräunlichem Stiel.

HUT 6–12 cm breit, anfangs halbkugelig, zuletzt verflacht, zuerst dicht feinfilzig, dann glatt und bei feuchtem Wetter schmierig, lebhaft kastanienbraun bis dunkelbraun. RÖHREN mit blaßgelben, bald grünlichgelben Mündungen, an Druckstellen grünblau verfärbend. STIEL anfangs etwas bauchig, bald gestreckt und bis 10 cm hoch werdend, blaßbräunlich, ganz oben mit gelber Ringzone, ohne Adernetz. FLEISCH weißlich, unter der Huthaut etwas rosa, über den Röhren gelblich, beim Zerschneiden blau anlaufend, mit mildem, angenehmem Geschmack und Geruch. VORKOMMEN: Von Mitte August an, besonders aber im Oktober und November überall häufig in Kiefern- und Fichtenwäldern auf sauren Böden, in Norddeutschland auch in Buchen-Eichenwäldern. WERT: Ein vorzüglicher und wegen des häufigen Vorkommens einer der wichtigsten Speisepilze. VERWECHSLUNG mit ungenießbaren Arten kaum möglich; junge Maronenpilze sehen dem Steinpilz ähnlich.

Ziegenlippe *(Xerocomus subtomentosus)* ★★

Ein mittelgroßer, durch feinfilzige, trockene Hutoberseite, schön gelbe, weite Röhren und schlanken bräunlichen Stiel gekennzeichneter Röhrling.

HUT 5–10 cm breit, kissenförmig gewölbt, völlig trocken und dicht feinfilzig, graugelblich, olivbraun oder rotbräunlich. RÖHREN am Stiel angewachsen, anfangs lebhaft gelb wie reife Zitronen, später grünlichgelb, mit großen Poren, an Druckstellen bisweilen blaugrünlich. STIEL 4–8 cm hoch, ziemlich dünn und schlank, unten oft etwas gekrümmt, braungelb oder rotbräunlich, oben mit scharfen, etwas netzigen Längsrippen. FLEISCH weich, blaßgelb, meist kaum oder nur schwach blauend. VORKOMMEN: Von Juli bis Oktober ziemlich häufig, aber meist einzeln in verschiedenen Waldgesellschaften meist auf sauren Böden, ohne Bildung an bestimmte Baumarten. WERT: Guter, sehr geschätzter Speisepilz. VERWECHSLUNG mit ungenießbaren oder giftigen Arten ist kaum möglich; der ähnliche Rotfußröhrling ist manchmal nur schwer zu unterscheiden.

Rotfußröhrling *(Xerocomus chrysenteron)* ★★

Der Ziegenlippe ähnlich, an der federig-aufreißenden Oberhaut und am karminrot-flockigen Stiel zu erkennen.

HUT anfangs halbkugelig und dunkelbraun, bald aber verflachend und heller grau- oder olivbraun, besonders bei trockenem Wetter vom Rande her aufspringend und schließlich überall felderig-rissig, in den Rissen und an Fraßstellen oft rötlich. RÖHREN hellgelb, dann olivlich, an Druckstellen meist grünblau. STIEL schlank, meist schön karminrot, seltener gelb, oft flockig, längsgestreift. FLEISCH saftigweich, hellgelb, angenehm riechend. VORKOMMEN: Vom Sommer bis zum Oktober einer der häufigsten Röhrlinge, ohne Bindung an bestimmte Baum- oder Waldarten, gesellig, in sauren Buchenwäldern oft Massenpilz, auch in Parks. WERT: Jung guter Speisepilz, ältere Stücke sind aber meist madig oder von Schimmelpilzen befallen. ÄHNLICH und nah verwandt ist der BLUTROTE RÖHRLING mit purpur-blutroter Hutfärbung, er wächst gern an grasigen Stellen und ist eßbar.

Diese ZIEGENLIPPE *wuchs in tiefem Buchenlaub an einem Grabenrand. Im Hintergrund Bültenschmiele und Sauerklee*

ROTFUSSRÖHRLINGE *auf fast kahlem Buchenwaldboden. Bei trockenem Wetter ist die Huthaut in kleine Felder aufgesprungen*

Butterpilz *(Suillus luteus)* **

Mittelgroßer gelbbrauner Röhrling mit schmierig-schleimiger Oberhaut und dunkelndem Ring am Stiel.

HUT 5–10 cm breit, anfangs stark, später flach gewölbt, mit brauner Schleimschicht bedeckt, später aufhellend braungelb und nur klebrig, oft mit radialen dunkleren Streifen. RÖHREN hellgelb, anfangs durch weißen Schleier verschlossen, der später als dunkelviolettbrauner Ring am STIEL sitzt. Dieser ist über dem Ring gelb mit braunen Punkten, unten braun. FLEISCH sehr weich, weißlichgelb. VORKOMMEN: Häufiger Begleitpilz der Kiefer, besonders an Waldrändern und Schneisen, in jungen Schonungen, Kiefernheiden oder unter einzelnen Kiefern auf Grasland, auf sauren wie auf kalkhaltigen Böden. WERT: Guter, wohlschmeckender Speisepilz. VERWANDT und ähnlich ist der KÖRNCHENRÖHRLING oder SCHMERLING, mit hellerem goldrotbraunem Hut, unberingtem Stiel und milchigen Tröpfchen an den Röhren. Er wächst unter Kiefern auf Kalkboden und ist gleichfalls eßbar.

Goldröhrling *(Suillus grevillei)* **

Ein nur unter Lärchen wachsender mittelgroßer, gold-orangegelber, schmieriger Röhrling mit weißlich-beringtem Stiel.

HUT 5–10 cm breit, flach gewölbt, anfangs rotbraun-orange, später gold-zitronengelb, anfangs und bei feuchtem Wetter sehr schleimig, später nur klebrig. RÖHREN zitronengelb, Mündungen bräunlich fleckend. STIEL gleichmäßig dick, ähnlich dem Hut gefärbt, über dem weißlich-klebrigen Ring blaßgelblich. FLEISCH sehr weich, gelb, im Stiel bräunlich. VORKOMMEN: Von Juni bis Herbst ausschließlich unter Lärchen, überall, wo diese wächst, auch in Parks und Gärten, in jüngeren Pflanzungen oft Massenpilz. WERT: Guter Speisepilz. VERWANDT ist der an Haut und Röhren graugelbliche GRAUE LÄRCHENRÖHRLING, der gleichfalls unter Lärchen, aber nur auf Kalkboden wächst. Unter Lärchen wächst auch der HOHLFUSSRÖHRLING mit rotbraunschuppigem Hut, weiten, länglichen, grüngelblichen Röhren und hohlem, beringtem Stiel. Alle diese Mykorrhizapilze der Lärche sind eßbar.

BUTTERPILZ *auf sonniger Viehweide im Gebirge unter Einzelkiefern, mit Kleinem Habichtskraut, Preiselbeere und Wiesenpflanzen*

Der GOLDRÖHRLING *ist ein treuer Begleiter angepflanzter Lärchen*

Sandröhrling, Sandpilz *(Suillus variegatus)* ★

Mittelgroßer bräunlichgelber und flockig-beschuppter Röhrling mit olivbraunen Röhren und schwach blauendem Fleisch.

HUT 5–12 cm breit, halbkugelig bis flach gewölbt, goldgelb oder gelbbraun, mit graubraunen oder rotbräunlichen Schüppchen, die später verschwinden, bei feuchtem Wetter schmierig. RÖHREN eng, am Stiel angewachsen bis herablaufend, mit oliv-graugelben, zuletzt bräunlichen Mündungen. STIEL kräftig, bis 10 cm hoch, blaßgelblich, am Grunde oft etwas rötlich. FLEISCH blaßgelb, fest, beim Zerschneiden meist etwas blauend. VORKOMMEN: Stets bei Kiefern, auf allen Böden, besonders häufig in jungen Kiefernaufforstungen auf Sandböden oder in Kiefernheiden. WERT: Ergiebiger, aber geschmacklich nur mittelmäßiger Speisepilz, gut zu Pilzfrikadellen zu verwenden. VERWANDT ist der am gleichen Ort vorkommende KUHRÖHRLING mit rötlich-ledergelbem, schmierigem Hut, auffallend elastisch-biegsamem Fleisch und weiten, unterteilten Röhren, er entspricht im Speisewert etwa dem Sandpilz.

Birkenpilz *(Leccinum scabrum)* ★★

Leicht kenntlicher mittelgroßer Röhrling mit braunem Hut auf hohem, weißem, schwärzlich-schuppigem Stiel, bei Birken.

HUT 5–12 cm breit, anfangs rundlich, dann flach gewölbt, heller oder dunkler graubraun oder braun, in Mooren auch weißscheckig oder weißlich, glatt, bei feuchtem Wetter klebrig. RÖHREN sehr lang, um den Stiel ringförmig eingesenkt, mit weißlichen bis graubräunlichen Mündungen. STIEL sehr hoch, bis 20 cm, schlank, auf weißlichem Untergrund mit grauschwarzen Schüppchen besetzt. FLEISCH nur anfangs fest, bald schwammig-weich, weiß. VORKOMMEN: An die Birke gebunden, in Birkenwäldern und bei Einzelbäumen überall häufig vom Frühsommer bis Herbst. WERT: Junge Birkenpilze sind gute Speisepilze, alte aber meist zu weich und von Maden zerstört. ÄHNLICH, aber ziemlich selten ist der kalkliebende HAINBUCHENRÖHRLING mit festerem, grau bis schwärzlich anlaufendem Fleisch und runzliger, oft rissiger und schwärzender Oberseite, er ist eßbar. ANDERER NAME: Kapuziner.

SANDRÖHRLINGE *in trockenem Heidekiefernwald inmitten grauer und gelblicher Rentierflechten*

Der unverkennbare BIRKENPILZ *ist der bekannteste Vertreter der Rauhstielröhrlinge*

Heiderotkappe *(Leccinum testaceo-scabrum)* ★★★

Ein großer, lebhaft apfelsinenfarbener oder braungelber Röhrling mit weißem, schwärzlichschuppigem, rauhem Stiel.

HUT 6–20 cm breit, anfangs halbkugelig, später kissenförmig gewölbt, hell gelbbraun bis schön orangerot, mit überstehender Haut. RÖHREN sehr lang, mit anfangs weißgrauen, später graugelblichen Mündungen. STIEL beim jungen Pilz dick und bauchig, später sich streckend und 12–20 cm hoch werdend, festfleischig, rauh, auf weißem Grunde mit schwärzlichen Faserschüppchen, am Grunde oft mit blaugrünen Flecken. FLEISCH fest, weiß, an der Luft allmählich rosalich oder violettlich verfärbend, beim Kochen dunkel werdend. VORKOMMEN: Nicht selten von August bis Oktober auf sauren Böden besonders unter Birken, auch unter Buchen und Nadelbäumen, daher in verschiedenen Waldgesellschaften, gern in Heidewäldern auf Sandboden. WERT: Die Rotkappen sind wohlschmeckende, gesuchte Speisepilze, ihr Fleisch wird beim Kochen schwarz. ANDERER NAME: Die Rotkappen werden auch Rothäubchen genannt.

Espenrotkappe *(Leccinum aurantiacum)* ★★★

Der vorigen Art ähnlich, aber mit mehr orange-rotbraunen Hutfarben und weißem oder rotbraunschuppigem Stiel.

HUT anfangs rundlich und kaum dicker als der Stiel, diesem wie ein Streichholzkäppchen aufsitzend, dann aufschirmend, breit gewölbt, 10–20 cm breit, orangerotbraun oder dunkler rotbraun bis braun, mit überstehender Huthaut. RÖHREN mit anfangs weißlichen, später ein wenig rotbräunlichen Mündungen. STIEL anfangs zylindrisch, kaum verdickt, später bis 15 cm hoch, rauh, weiß oder – besonders in offeneren Lagen – mit rotbraunen Schüppchen. FLEISCH weiß, lilaschwärzlich verfärbend. VORKOMMEN: Von August bis Oktober auf besseren, gern kalkhaltigen Böden besonders unter Zitterpappeln (Espen), auch unter Hainbuchen u. a. Laubbäumen, meist seltener als die vorige Art. WERT: Sehr guter Speisepilz. BEMERKUNG: Die beiden durch Aussehen und Standort verschiedenen Rotkappen wurden früher als eine Art, *Boletus rufus* oder *versipellis*, angesehen.

HEIDEROTKAPPE *als Birkenbegleiter im Kiefernforst. Im Hintergrund die blaugrün glänzenden Blätter der Preiselbeere*

Junge ESPENROTKAPPE *auf kalkreichem Boden unter Zitterpappeln, in Gesellschaft mit Leberblümchen und Frühlingsplatterbse*

Kremplinge, Schmierlinge und Wachsblättler

Die Kremplinge *(Paxillus)* haben herablaufende Lamellen und braunen Sporenstaub. Zur Gattung gehören nur wenige Arten, unter denen der Kahle Krempling die häufigste ist. Seinen Namen bekam er zum Unterschied von dem größeren Samtfußkrempling, dessen dicker Stiel mit dichtem, braunschwarzem Filz bekleidet ist.

Auch die Schmierlinge *(Gomphidius)* haben herablaufende Lamellen, aber schwarzen Sporenstaub. Sie bilden eine kleine Gattung von nur wenigen europäischen Arten und leben sämtlich, wie die Schmierröhrlinge, in Symbiose mit Nadelbäumen. Die häufigste Art, der mit Fichten zusammenlebende Große Schmierling oder Gelbfuß, ist von einer dicken Schleimschicht bedeckt, die auf der Hutunterseite eine durchsichtige Hülle über den Lamellen bildet. Unter Kiefern wächst der Kupferrote Schmierling mit rötlichbraunem, spitzbuckeligem Hut, der nur etwas klebrig ist. Der Stiel ist innen rhabarberrötlich. Seltener ist der nach seiner Hutfarbe genannte hübsche Rosenrote Schmierling, der auch mit Kiefern zusammenlebt. Alle Schmierlinge sind eßbar, wenn auch als Speisepilze wenig gesammelt. Die Schmierlinge sind, ähnlich wie auch die Kremplinge, den Röhrenpilzen verwandt, so haben zum Beispiel die Schmierlinge langspindelförmige Sporen vom gleichen Typ, wie auch die Röhrlinge sie besitzen (s. Abbildung S. 168).

Die Wachsblättler bilden eine Familie weißsporiger Blätterpilze mit weichen, wachsartigen, entfernt stehenden Lamellen. Ihre zahlreichen Arten teilt man in mehrere Gattungen ein. Die Schnecklinge *(Hygrophorus)* haben ihren Namen von der schmierig-schleimigen Huthaut erhalten. Einer ihrer häufigsten Vertreter ist der mit Kiefern Mykorrhizen bildende Frostschneckling, der unter Fichten durch den ähnlichen, aber weißlamelligen Olivbraunen Schneckling ersetzt wird. Meist in Laubwäldern wachsen die weißen Elfenbeinschnecklinge. Die Saftlinge *(Hygrocybe)* zeichnen sich durch ihre prächtigen roten und gelben Hutfarben aus, sie wachsen mit wenigen Ausnahmen in offenem Grasland, besonders zahlreich begegnet man ihnen im Herbst auf Gebirgswiesen. Bis auf den Scharlachroten Saftling sind es meist kleinere Pilze. Die weniger farbenfreudigen Ellerlinge *(Camarophyllus)* mit herablaufenden Lamellen bilden eine dritte Gattung der Wachsblättler.

Der KAHLE KREMPLING, *gemein auf allen sauren Waldböden, wächst hier im Birkenbruch zwischen Sumpfhaarmoos und Torfmoosen*

Kahler Krempling *(Paxillus involutus)* †

Ein mittelgroßer blaß- oder olivbrauner Pilz mit eingerolltem Hutrand und am Stiel herablaufenden, an Druckstellen rotbraun fleckenden Lamellen.

HUT 7–12 cm breit, flach gewölbt, später ausgebreitet und in der Mitte vertieft, mit umgerolltem, filzigem Rand, gelbbraun oder olivbraun, matt, aber bei feuchtem Wetter schmierig. LAMELLEN weit am Stiel herablaufend, holzgelblich, bei Berührung dunkelfleckend. STIEL 4–6 cm hoch, blaß- bis rotbräunlich. FLEISCH weich, blaßgelblich, beim Zerschneiden rotbraun anlaufend. VORKOMMEN: Vom Sommer bis Spätherbst einer der häufigsten Pilze in allen Waldgesellschaften vorzugsweise auf sauren Böden, an trockeneren bis moorigen Standorten, auch in Parks und Gärten in oft besonders üppigen Formen. WERT: Wird noch gelegentlich gesammelt, ist aber besonders roh sehr giftig, manchmal sogar tödlich, und sollte völlig gemieden werden! VERWANDT ist der größere, bis zu 15 cm breite SAMTFUSSKREMPLING mit dunkelbraun-samtigem Stiel, er wächst nicht selten auf Nadelholzstümpfen, ist aber ungenießbar. ANDERER NAME: Empfindlicher Krempling.

Großer Schmierling *(Gomphidius glutinosus)* ★

Mittelgroßer, von durchsichtiger Schleimhaut überzogener Pilz mit herablaufenden Lamellen, schwärzlichen Sporen und zitronengelber Stielbasis.

HUT 5–10 cm breit, flach gewölbt, zuletzt ganz flach, graubräunlich mit violettrötlichem Ton, von dicker Schleimhaut überzogen, die zuerst auch die anfangs weißlichen, später grauschwarzen Lamellen einschließt. Sie reißt dann vom Hutrand ab und bleibt als durch die Sporen schwarzgefärbter Ring am STIEL sitzen. Dieser ist 4–8 cm hoch, schleimig, weißlich, am Grunde gelb. FLEISCH weich, weiß, im Stielgrund lebhaft zitronen- bis dottergelb. VORKOMMEN: Von August bis Oktober nur unter Fichten, besonders in jüngeren Pflanzungen, oft zusammen mit dem Fichtenblutreizker, meist häufig, auf Sandböden aber fehlend, in Nordwestdeutschland selten. WERT: Brauchbarer Speisepilz. Verwandt ist der KUPFERROTE SCHMIERLING unter Kiefern, mit safran-braunroten Farben und nur klebrigem, spitzgebuckeltem Hut. ANDERE NAMEN: Kuhmaul, Gelbfuß.

Frostschneckling *(Hygrophorus hypothejus)* ★

Ein knapp mittelgroßer brauner, schmieriger Spätherbstpilz unter Kiefern, mit herablaufenden, entfernten, gelben Lamellen.

HUT 3–7 cm breit, flach gewölbt, mit runder, anfangs stark nach unten umgerollter Kante, mit olivbraunem Schleim bedeckt, der zuletzt verschwinden kann und die gelbrötliche Grundfarbe freigibt. LAMELLEN weit stehend, am Stiel herablaufend, blaß bis rötlichgelb. Stiel 4–6 cm hoch, ziemlich dünn und unten verschmälert, gelblich, mit oben ringartig abgesetztem Schleimüberzug. FLEISCH weich, hellgelb. VORKOMMEN: Im Spätherbst, besonders um die Zeit der ersten Nachtfröste, gesellig unter Kiefern, besonders in jüngeren Pflanzungen in großer Menge auftretend. WERT: Schmackhafter Speisepilz, die Schleimschicht sollte zur Zubereitung abgezogen werden. VERWANDT und ähnlich, aber an Fichten gebunden, ist der OLIVBRAUNE SCHNECKLING, der weiße Lamellen und durch die eintrocknend-aufreißende Schleimschicht oft schräge bräunliche Bänder am Stiel hat. Auch er ist eßbar.

GROSSER SCHMIERLING *unter Fichten im Nadelmischwald. Der klebrige Schleier ist durch die ausfallenden Sporen schwarz gefärbt*

Ein Trupp klebriger FROSTSCHNECKLINGE *im Kiefernforst. Das ockergelbe Pilzchen vorn ist ein* MOOSHÄUBLING

Elfenbeinschneckling *(Hygrophorus eburneus s. l.)* ★

Ein mittelgroßer weißer oder gelblicher, schleimig-schmieriger Pilz mit entfernt stehenden weißen Lamellen.

HUT 3–7 cm breit, anfangs kugelig, mit eingerolltem Rand, dann gewölbt und zuletzt flach, glatt und glänzend, besonders bei feuchter Witterung oft mit schlüpfrigem Schleim bedeckt, anfangs rein weiß, bei einigen Sippen später ganz oder teilweise gilbend. LAMELLEN entfernt stehend, am Stiel herablaufend, ziemlich dick, weiß oder zuletzt gelblich. STIEL 3–7 cm hoch, dünn, am Grunde zugespitzt, im unteren Teil schleimig, ganz oben flockig, weiß. FLEISCH weiß, oft mit eigentümlichem Geruch. VORKOMMEN: In mehreren nahestehenden Arten in verschiedenen Laubwäldern, besonders auf milden, neutralen oder kalkhaltigen Böden unter Buchen, Eichen und Birken, gesellig, häufig von August bis Oktober. WERT: Eßbar. BEMERKUNG: Die einzelnen Arten sind nicht leicht zu unterscheiden, die hier abgebildete ist *Hygrophorus chrysaspis Métr.*, die zuletzt vom Hutrand her stark rotgelb verfärbt.

Scharlachroter Saftling *(Hygrocybe punicea)* ★★

Mittelgroßer lebhaft roter, kegelig-geschweifter Pilz mit gelben Lamellen und gelbrotem Stiel, in Grasland.

HUT 5–10 cm breit, anfangs kegel- oder glockenförmig, dann ausbreitend mit flachem Buckel, oft am Rande eingerissen, gestreift, fettig-glatt, bei feuchter Witterung klebrig, orange- bis blutrot, zuletzt ausblassend. LAMELLEN dick, weich, entfernt stehend, gelb bis orange. STIEL 5–8 cm hoch, gleichmäßig dick, gelb mit feinen rötlichen Längsfasern, am Grunde weißlich. FLEISCH ziemlich dünn, gelblich. VORKOMMEN: Von August bis Oktober besonders auf Waldwiesen und Weiden im Gebirge, im Tiefland selten. WERT: Eßbar, aber wie alle Saftlinge in größeren Mengen zuweilen unbekömmlich. ÄHNLICH sind mehrere meist kleinere Saftlinge, die ebenfalls in Grasland wachsen, beispielsweise der KIRSCHROTE SAFTLING mit noch reiner roten Farben an Hut, Stiel und Lamellen und der SCHWÄRZENDE SAFTLING mit spitz-kegeligem Hut, der im Alter oder beim Anfassen schwarz anläuft.

Die weißen ELFENBEINSCHNECKLINGE *sind auffällige Herbstpilze in Buchenwäldern auf lehmigen oder kalkreichen Böden*

Wie Blumen auf der Waldwiese leuchten die SCHARLACHROTEN SAFTLINGE *zwischen Gräsern, Kräutern und Moosen*

Knollenblätterpilze und Fliegenpilze

Die Lamellenpilzgattung *Amanita*, Knollenblätterpilze oder Wulstlinge, ist für den Botaniker ebenso interessant wie sie für den Pilzsammler wegen ihrer giftigen Arten von Bedeutung ist. Diese Pilze sind weltweit verbreitet. In Europa kommen die meisten Arten in wärmeren Ländern um das Mittelmeer vor, in Deutschland leben noch etwa 15–20, von denen die wichtigsten hier dargestellt sind.

Die Wulstlinge sind weißsporige Lamellenpilze, die in frühester Jugend völlig in eine umhüllende Haut, ein *Velum universale*, eingeschlossen sind. Wenn diese Haut zusammenhängend und fest ist, wird sie vom sich entwickelnden Pilz zerrissen, sie bleibt dann an der mehr oder weniger knolligen Stielbasis als Hülle oder Scheide zurück. Der Hut ist bei solchen Arten fast immer kahl. Hierzu gehören die giftigen Knollenblätterpilze und einige Streiflinge. Wenn die Hülle aus loserem Gewebe besteht, wird sie beim Ausbreiten des Hutes ganz allmählich in oft überraschend regelmäßige Flöckchen oder Schüppchen zerfasert, die dann den Hut schmücken, so wie wir das vom Fliegenpilz, Pantherpilz und Perlpilz kennen. Eine häutige Scheide am Stielgrund fehlt diesen Arten.

Außer dieser allgemeinen Hülle haben die *Amanita*-Arten außer den Streiflingen auch eine innere Hüllhaut, ein *Velum partiale*, das beim jungen Pilz die Lamellen verschließt. Wenn der Hut aufschirmt, reißt diese Haut am Hutrand ab und hängt als weite »Manschette« von der Stielspitze herab.

Die Gattung *Amanita* enthält gleichzeitig geschätzte Speisepilze und die gefährlichsten aller Giftpilze. Schon die Römer sammelten den orangeroten, gelbstieligen Kaiserling, noch heute ein berühmter Speisepilz der Mittelmeerländer. Er kommt auch in der Schweiz und selten in warmen Gegenden Südwestdeutschlands vor. Außerdem sind Perlpilz, Grauer Wulstling und die Streiflinge eßbar.

Zahlreicher sind aber die giftigen Angehörigen der Gattung, die man in zwei Gruppen einteilen kann. Die giftigen Knollenblätterpilze enthalten mehrere schwere Gifte, die besonders auf die Leber wirken. Fliegen- und Pantherpilz enthalten Nervengifte (Seiten 59 und 61). Fliegenpilze wurden in Sibirien als Berauschungsmittel verwendet, bei uns benutzte man sie früher durch Einlegen in süße Milch zum Töten von Fliegen.

GRÜNE KNOLLENBLÄTTERPILZE *im Eichen-Hainbuchenwald. Schnekken verzehren den Giftpilz ohne Schaden, wie die große Fraßstelle zeigt*

Grüner Knollenblätterpilz *(Amanita phalloides)* ††

Ein mittelgroßer Pilz mit olivgrünlichem Hut, schlankem, beringtem Stiel, weißen Lamellen und von einer häutigen Hülle umgebener, im Boden sitzender Stielknolle.

HUT anfangs eiförmig, in häutiger, weißer Hülle steckend, dann glockig gewölbt und zuletzt flach ausgebreitet, 7–11 cm breit, glatt, bei feuchtem Wetter klebrig, meist olivgrünlich oder gelbgrün, auch dunkler bräunlich oder hell graugrünlich bis fast weiß, meist mit radiärer Streifung, selten mit weißen Hüllresten. LAMELLEN dicht stehend, weiß oder mit blaßgrünlichem Ton. STIEL 6–12 cm hoch, weiß, oft zickzackförmig dunkler gebändert, oben mit hängendem Ring, am Grunde mit dicker Knolle und angewachsener, unregelmäßig abgerissener häutiger weißer Hülle oder Scheide. FLEISCH weiß, bei alten Pilzen mit süßlich-unangenehmem Geruch. VORKOMMEN: Von Juli bis Oktober überall mit Ausnahme höherer Berglagen in verschiedenen Laubwaldgesellschaften meist unter Eichen und Buchen, meist nur zerstreut, aber in manchen Jahren häufig. GIFTGEHALT: Gefährlichster Giftpilz. Verursacht fast alle tödlichen Vergiftungen (Seite 59).

Kegelhütiger Knollenblätterpilz *(Amanita virosa)* ††

Mittelgroßer schlanker weißer Pilz mit kegeligem Hut und weißen Lamellen, der flockige Stiel am Grund mit häutiger Hülle.

HUT 5–10 cm breit, erst eiförmig, dann kegelig-glockenförmig, zuletzt ausgebreitet, aber meist noch flach gebuckelt, kahl und glatt, bei feuchtem Wetter klebrig, rein weiß oder in der Mitte blaß gelbrötlich. LAMELLEN rein weiß, nahe dem Hutrand oft mit aufsitzenden weißen Schleierresten. STIEL hoch und schlank, oben mit fransig-zerrissenem Ring, der auch fehlen kann, darunter faserig-schuppig, am Grunde mit weißer, häutig-zerrissener Hülle. FLEISCH weiß, zuletzt etwas unangenehm riechend. VORKOMMEN: Von August bis Oktober in kleinen Gruppen in Wäldern auf saurem Untergrund, unter Fichten, Birken, Buchen u. a. Bäumen, vorwiegend im Gebirge, nirgends häufig, im Tiefland selten oder fehlend. GIFTGEHALT: Tödlich giftig, wegen Verwechslungsmöglichkeiten mit oft am gleichen Ort wachsenden Champignons noch gefürchteter als der Grüne Knollenblätterpilz.

Gelblicher Knollenblätterpilz *(Amanita citrina)* o

Mittelgroßer weißgelblicher Pilz mit abwischbaren Hutflocken, weißen Lamellen, Stiel mit Ring und sehr dicker Knolle im Boden, Fleisch mit Kartoffelgeruch.

HUT 5–10 cm, erst halbkugelig, dann gewölbt und zuletzt flach, in der Farbe wechselnd blaßgelblich, auch gelbgrünlich, oft ganz weiß, glatt und fettig-glänzend, mit anfangs hellen, dann bräunlichen aufsitzenden Hüllresten. LAMELLEN weiß. STIEL schlank, ähnlich wie der Hut gefärbt, mit hängendem Ring, am Grunde mit einer sehr dicken, kugeligen, im Boden steckenden Knolle, deren oberer Rand meist scharf abgesetzt ist. FLEISCH weiß, mit sehr deutlichem und bezeichnendem Geruch nach rohen Kartoffeln. VORKOMMEN: Der häufigste Knollenblätterpilz, von August bis November überall in verschiedenen Laub- und Nadelwäldern meist an humusreichen Stellen. WERT: Galt früher als lebensgefährlich giftig, ist aber harmlos, wenn auch keinesfalls als Speisepilz verwendbar, schon wegen der Ähnlichkeit mit den giftigen Arten.

KEGELHÜTIGE KNOLLENBLÄTTERPILZE *im artenarmen Buchenwald. Die gefährlichen Giftpilze ähneln weißen Champignons*

GELBLICHER KNOLLENBLÄTTERPILZ *im Laubmischwald. Der häufige Pilz galt früher als sehr giftig*

Fliegenpilz (*Amanita muscaria*) †

Mittelgroßer bis großer Pilz, unverkennbar durch roten Hut mit weißen Hüllresten, beringten Stiel mit gebänderter Knolle.

HUT 8–15 cm breit, erst kugelig, zuletzt ganz flach ausgebreitet, mit gerieftem Rand, lebhaft scharlachrot, im Alter orangerot ausblassend, meist mit regelmäßig verteilten weißen Flocken als Reste einer allgemeinen, den jungen Pilz einschließenden Hülle. LAMELLEN weiß. STIEL schlank, mit weitem, hängendem Ring, unten mit zwiebelförmiger Knolle, die durch mehrere Kränze flockiger Warzen gegürtelt ist. FLEISCH weiß, aber unter der Huthaut rotgelb durchgefärbt. VORKOMMEN: Von August bis Spätherbst häufig in Laub- und Nadelwaldgesellschaften besonders auf sauren Böden, vorzugsweise bei Fichten, Kiefern und Birken, an ähnlichen Stellen wie der Steinpilz (Steinpilzzeiger!). GIFTGEHALT: Giftig, wenn auch nur selten lebensgefährlich (Seite 61). Die Giftstoffe sind besonders in und unter der Huthaut konzentriert, von Eßversuchen ist dringend abzuraten!

Pantherpilz (*Amanita pantherina*) †

Mittelgroßer schlanker Pilz, kenntlich am braunen Hut mit kleinen weißen Hüllresten, gerieftem Rand, beringtem Stiel und gerandeter Knolle im Boden.

HUT 5–10 cm breit, erst halbkugelig, dann flach ausbreitend, glatt und glänzend, in feuchtem Wetter klebrig, heller oder dunkler gelbbraun, olivbraun bis dunkelbraun, mit in Kreisen angeordneten kleinen rein weißen Flocken. LAMELLEN weiß. STIEL mit hängendem, oft schiefem Ring, an der Basis mit kleiner kugeliger Knolle, deren Rand mit tiefer Furche vom Stiel abgesetzt ist, darüber oft eine oder mehrere ringartige Zonen. FLEISCH weiß, mit schwachem Rettichgeruch. VORKOMMEN: Von Juli bis Oktober in Nadel- und Laubwäldern auf allen Bodenarten im Tiefland und Gebirge, oft nur selten oder in bestimmten Jahren häufiger. GIFTGEHALT: Mit ähnlichen, aber stärkeren Giftstoffen wie der Fliegenpilz und daher gefährlicher (Seite 61), kann mit Perlpilz und Grauem Wulstling verwechselt werden.

Zwei junge FLIEGENPILZE *am Waldrand. Beim Aufwachsen im Regenwetter haben sie die meisten ihrer weißen Flöckchen abgestreift*

Der giftige PANTHERPILZ *im krautreichen Laubmischwald. Die dickrandige Knolle steckt im Boden*

Wulstlinge, Streiflinge, Schirmlinge und Rötlinge

Wulstlinge und Streiflinge gehören wie die Knollenblätterpilze, Fliegen- und Pantherpilze zur Gattung *Amanita* (Seite 86).
Die Streiflinge haben kammartig gerieften Hutrand, der schlanke, unberingte Stiel steckt mit dem Fuß in einer häutigen Hülle. Auf den verschiedenen Böden kommen mehrere nahestehende Arten vor. Der abgebildete Rotbraune Streifling lebt in humusreichen Wäldern auf saurem Untergrund. Auf besseren mineralreicheren Böden lebt eine ebenso gestaltete, aber hellgraue Art. Die Streiflinge sind eßbar, wie auch die beiden verbreiteten Wulstlinge mit gerieften Manschetten, der Perlpilz und der Graue Wulstling.
Die Schirmlinge sind weißsporige Lamellenpilze mit freien Lamellen, beringtem Stiel und schuppigem Hut. Sie kommen in allen Größen vor, von winzigen Arten mit nur zentimeterbreitem Hut bis zu den imponierenden Riesenschirmlingen *(Macrolepiota)*, die den Sammler interessieren. Der beliebte Parasolpilz kann in extremen Fällen über 30 cm Hutbreite und 40 cm Stielhöhe erreichen und gehört damit zu den größten aller Hutpilze. Ihm ähnlich, aber meist kleiner und niedriger, ist der Safranschirmling mit kürzerem Stiel, dem die für den Parasol bezeichnende Querschuppung fehlt. Sein Fleisch läuft nach dem Anschneiden rasch lebhaft safranrot an. Er wächst truppweise unter Fichten, als Speisepilz ist er weniger geschätzt.
Die zahlreichen mittelgroßen und kleinen Schirmlinge sollten nicht ohne weiteres zu Speisezwecken gesammelt werden, denn gerade unter den kleinen Arten gibt es einige mit ganz erheblichem und gefährlichem Giftgehalt, die sogar schon tödliche Vergiftungen hervorgerufen haben.
Die Rötlinge *(Rhodophylus)* haben ihren Namen von der hellrötlichen Farbe ihres Sporenstaubes erhalten, der bei erwachsenen Pilzen auch die Lamellen färbt. Die Sporen sind unregelmäßig-eckig. Die Gattung enthält zahlreiche kleine Arten; unter den größeren ist der Riesenrötling als ein Giftpilz von Bedeutung, der schon in kleineren Mengen genossen, heftige Beschwerden hervorruft. Der stattliche, fleischige, anfangs angenehm duftende Pilz wirkt unverdächtig und appetitlich und sieht außerdem dem eßbaren Nebelgrauen Trichterling (Seite 106) ähnlich. Unter den Rötlingen gibt es noch weitere giftige oder verdächtige, kaum aber eßbare Arten.

Der ROTBRAUNE STREIFLING *ist frisch aus seiner häutigen Hülle geschlüpft*

Rotbrauner Streifling *(Amanita fulva)* ★

Ein mittelgroßer, durch schlanke Gestalt, rotbraunen, am Rande gestreiften Hut und lappige Hülle am Stielgrund leicht kenntlicher Pilz.

HUT 5–7 cm breit, anfangs eiförmig-glockig, zuletzt flach, am Rand kammartig gerieft, glatt und glänzend, schön orange-rotbraun, selten mit Hüllresten. LAMELLEN weiß, den Stiel nicht erreichend. STIEL schlank, hohl und zerbrechlich, nach oben verschmälert, weiß oder blaß rötlichbraun, am Grunde mit lappiger, rotbraunfleckiger Hüllhaut. FLEISCH weiß, dünn. VORKOMMEN: Häufig von Juni bis Oktober in verschiedenen Nadel- und Laubwaldgesellschaften auf sauren Böden, in nordwestdeutschen Sandkiefernforsten gemein und als »Stolze Dame« gesammelt. WERT: Eßbar, aber nicht besonders schmackhaft. VERWANDT ist der bis auf die Farbe sehr ähnliche GRAUE STREIFLING, der auf milderen Böden vorkommt.

Perlpilz *(Amanita rubescens)* ★

Mittelgroßer bis großer Pilz mit fleischrötlichen oder rötlichbraunen Farben und graubraunen Warzen, gerieftem Stielring und rötlich anlaufendem Fleisch.

HUT 8–12 cm breit, erst kugelig, dann gewölbt bis flach, sehr verschieden gefärbt, blaßrötlich, fleischrötlich, braunrötlich, meist mit bräunlichen, bei feuchtem Wetter flachen und leicht abwischbaren, bei Trockenheit perlenartig verhärtenden ansitzenden Flocken. LAMELLEN weiß, zuletzt oft rötlich getönt oder gefleckt. Stiel kräftig, bis 14 cm hoch, mit weitem, hängendem, gerieftem Ring, am Grunde knollig verdickt. FLEISCH weiß, an der Luft langsam rötlich anlaufend, in Madengängen gerötet. VORKOMMEN: Von Juni bis Oktober sehr häufig in humusreichen Laub- und Nadelwäldern. WERT: Brauchbarer und ergiebiger, aber im Geschmack nicht jedermann zusagender Speisepilz, kann in rohem Zustand giftig wirken. VERWECHSLUNG: Der giftige Pantherpilz (Seite 90) hat braunen Hut mit weißen Flocken, gerieften Hutrand und ungestreiften Ring.

Grauer Wulstling *(Amanita spissa)* ★

Dem Perlpilz in der Gestalt sehr ähnlich, aber mit mehr grauen und graubraunen Farben, im Fleisch nicht rötend.

HUT 7–10 cm breit, anfangs kugelförmig, dann kissenförmig gewölbt, meist dunkel bräunlichgrau und dicht bedeckt mit weich-mehligen, grauen Flocken, Rand nicht gerieft. LAMELLEN weiß. STIEL bis 12 cm hoch, anfangs ziemlich dick, oben weißlich, in der Mitte meist grau, bei Trockenheit schuppig aufspringend, mit hängendem, gerieftem Ring, mit keulig angeschwollener Basis meist tief im Boden steckend. FLEISCH weiß, mit schwachem rettichartigem Geruch. VORKOMMEN: Von Juli bis Oktober ziemlich häufig an ähnlichen Standorten wie der Perlpilz, am liebsten in sauren Laub- und Nadelwäldern mit tiefem Humus, besonders bei Buchen und Fichten. WERT: Eßbar, doch geringwertig, schon wegen Verwechslungsgefahr mit dem giftigen Pantherpilz (Seite 90) nicht zu empfehlen. BEMERKUNG: Wie der Perlpilz ist der Graue Wulstling sehr veränderlich in Größe, Gestalt und Färbung.

PERLPILZE *an einer Wegböschung im Buchenwald. Die große hängende Stielmanschette ist fein gerieft*

Der GRAUE WULSTLING *ist ein häufiger Pilz in humusreichen Buchenwäldern. Die Knolle geht ohne Randwulst in den Stiel über*

Riesenschirmling, Parasol *(Macrolepiota procera)* ★★★

Unverkennbar durch stattliche Größe, schuppigen Hut, weiße Lamellen und schlanken, genatterten Stiel mit großem, beweglichem Ring.

HUT 10–25 cm breit, beim jungen Pilz noch rund oder zylindrisch-eiförmig auf dem schlanken Stiel sitzend (»Paukenschlegel«), später ausbreitend und flach, aber immer mit Buckel, grau- oder rötlichbraun, mit fransigen oder plattigen Schuppen bekleidet, am Buckel ungeschuppt braun. LAMELLEN dicht, weiß, den Stiel nicht erreichend. STIEL 12–30 cm hoch, leicht vom Hut zu lösen, fein querschuppig-genattert, mit großem, verschiebbarem Ring, am Grunde knollig verdickt. FLEISCH weiß, angenehm nußartig schmeckend. VORKOMMEN: Verbreitet von August bis Oktober an lichten, grasigen Stellen in Laub- und Nadelwäldern, Parkanlagen. WERT: Vorzüglicher Speisepilz, besonders ganze Hüte paniert gebraten. Ältere Stiele fortlassen! VERWECHSLUNG wäre höchstens mit dem eßbaren Safranschirmling der Fichtenwälder möglich (Seite 92).

Riesenrötling *(Rhodophyllus lividus)* †

Großer dick- und festfleischiger Pilz mit graugelblichem Hut, rosa Lamellen und kräftigem weißem Stiel.

HUT 7–15 cm breit, erst kissenförmig gewölbt, dann ausgebreitet mit breitem Buckel und ungleich gebogenem Rand, graugelblich oder ockergrau mit eingewachsener Faserstruktur. LAMELLEN sehr breit, entfernt stehend, um den Stiel eingebuchtet, erst sahnegelblich, dann rosa-fleischrötlich gefärbt. STIEL 8–15 cm hoch, dick, am Grunde verdickt, weißlich, seidig-wellig glänzend. FLEISCH weiß, anfangs mehlartig, später unangenehm riechend. VORKOMMEN: Von August bis Oktober in Laubwäldern auf schwach sauren bis basischen Böden, meist auf Lehm, gern unter Buchen, auch in Parkanlagen, gesellig, aber in den meisten Gegenden ziemlich selten. GIFTGEHALT: Schon geringe Mengen verursachen heftige, anhaltende Magen- und Darmstörungen. Besonders in Frankreich und der Schweiz, wo er häufiger ist, gefürchteter Giftpilz. VERWECHSLUNG möglich mit dem Nebelgrauen Trichterling (Seite 106).

RIESENSCHIRMLING *auf einer Waldlichtung in blühendem Heidekraut*

Ein Zwillingsfruchtkörper des giftigen RIESENRÖTLINGS. *Er wuchs auf kalkhaltigem Boden in einer Parkanlage.*

Tintlinge und Champignons

Diese beiden Gattungen der Lamellenpilze haben sehr dunklen, braunschwarzen bis tintenschwarzen Sporenstaub gemeinsam. Im übrigen sind sie recht verschieden.

Die Tintlinge *(Coprinus)*, die schon durch die hohe Form ihrer Hüte auffallen, haben ihren Namen von einer merkwürdigen Eigenschaft erhalten: bei den meisten Arten weichen beim erwachsenen Pilz zunächst die Lamellen und schließlich das Hutfleisch vom Rande her auf und bilden eine dicke Flüssigkeit, die von den reifen Sporen schwarz gefärbt ist. Diese »Tinte« tropft zuletzt zu Boden, bis nur noch der hohe Stiel und ein kleiner Hutrest übrig sind, worauf der Pilz zusammenbricht und vergeht. Diese Umwandlung verläuft bei warmem Sommerwetter oft erstaunlich rasch, und man kann erleben, daß junge Schopftintlinge, die man am Abend gesammelt hatte und über Nacht liegenließ, am Morgen bereits zu einer schwarzen Brühe zerflossen sind. Man muß die Pilze also unmittelbar nach der Ernte zubereiten. Der Graue oder Faltentintling ist zu Speisezwecken weniger geeignet. Die übrigen Tintlinge sind meist kleinere, vergängliche Pilze, die auf verschiedenerlei Substrat gedeihen. Staunen erregt oft der winzige Gesäte Tintling, wenn er alte Baumstümpfe mit Tausenden von Hut an Hut stehenden Fruchtkörpern überzieht.

Die Champignons *(Agaricus)*, deren deutscher Buchname »Egerling« nie recht populär geworden ist, sind an ihren freistehenden Lamellen zu erkennen, die anfangs blaßbräunlich oder rosa gefärbt sind und mit zunehmender Sporenreife braun und zuletzt schwarzbraun werden. Der Stiel läßt sich leicht aus dem Hut herauslösen, er trägt einen Ring. Von den zahlreichen, oft schwer unterscheidbaren Arten riechen einige angenehm nach Mandeln oder Anis und haben die Neigung, besonders an Druckstellen zu gilben, zu ihnen gehören die Anis- und Schafchampignons. Andere Arten, wie der Wiesenchampignon, riechen aromatisch »pflaumenartig« oder »wie frisch gesägtes Holz«, ihr Fleisch neigt zum schwachen Röten nach dem Zerschneiden. Zu den Champignons gehören mehrere unserer besten Speisepilze, von denen einige der für den Sammler wichtigen Arten hier abgebildet sind (siehe auch Seite 52). Wichtig zu wissen ist, daß es auch einige unbekömmliche und schwach giftige Champignons gibt (Seite 100), die an den gleichen Standorten vorkommen können.

SCHOPFTINTLING *auf einer Schuttstelle. In diesem Zustand ist er noch eßbar*

Schopftintling *(Coprinus comatus)* ★★★

Einzigartiger, am hohen, walzlichen, schuppig-weißen Hut und dem Zerfließen im Alter sofort kenntlicher Pilz.

HUT 6–15 cm hoch, zylindrisch-elliptisch, mit zurückgekrümmten Schuppen, weiß, nur auf der Spitze glatt und braun, später sich glockenförmig öffnend und vom Rand her dunkelfärbend und zerfließend. LAMELLEN anfangs rosa, dann purpurbraun, zuletzt schwarz und zerfließend. STIEL 10–20 cm hoch, schlank, hohl, nach dem Ablösen des Hutrandes mit beweglichem schmalem Ring. FLEISCH dünn, weiß. VORKOMMEN: Von Mai bis Oktober meist gesellig auf Schutt- und Müllplätzen, in Vorgärten, städtischen Anlagen, an Straßenrändern und ähnlichen mineralsalzreichen Orten. WERT: Ausgezeichneter Speisepilz, der im Geschmack an Champignons erinnert, muß wegen der raschen Zersetzung sofort zubereitet werden. VERWECHSLUNG mit ungenießbaren Pilzen ist nicht möglich.

Grauer Tintling *(Coprinus atramentarius)* ★

Mittelgroßer Pilz, an dem ei- bis glockenförmigen Hut, der knotig-verdickten Stielzone und dem Zerfließen kenntlich.

HUT 4–7 cm hoch, anfangs eiförmig geschlossen, dann ausbreitend glockenförmig, vom Hutrand her auflösend, aschgrau oder hell graubraun, gefaltet-gefurcht. LAMELLEN graublaß, dann purpurbraun bis schwarz werdend und tintenartig auflösend. STIEL 6–15 cm hoch, weiß, unten bräunlich, nahe dem Grund mit einer knotenförmigen, ringartig abgesetzten Verdickung. FLEISCH dünn, weißlich. VORKOMMEN: Gern in Gärten und Parks, auf Beeten, Rasenflächen usw. auf fettem Boden, auch an Straßenrändern, am Grunde von Baumstämmen und im Wald, von April bis Spätherbst häufig. WERT: Eßbar, aber wenig schmackhaft. Bei gleichzeitigem Alkoholgenuß treten eigenartige Vergiftungserscheinungen mit Gesichtsrötung und Übelkeit auf, die bald wieder vorübergehen. ÄHNLICH ist der kleinere, ockerbraune, mit glitzernden Körnchen besetzte GLIMMERTINTLING, auf Stubben. ANDERE NAMEN: Falten- oder Knotentintling.

Wiesenchampignon *(Agaricus campestris)* ★★★

Mittelgroßer weißer, feinschuppiger Pilz, in offenem Grasland wachsend, mit anfangs rosa, dann braunschwarzen Lamellen, rötlich anlaufendem Fleisch und kurzem Stiel mit Ring.

HUT 5–10 cm breit, erst halbkugelig, dann gewölbt bis ausgebreitet, angewachsen faserschuppig, weiß, selten bräunlich. LAMELLEN anfangs lebhaft rosa, dann fleischrot, schokoladenbraun bis schwarz. STIEL 3–6 cm hoch, nach unten verschmälert, mit schmalem, leicht abfallendem Ring. FLEISCH weiß, nach Zerschneiden schwach rötlich anlaufend, mit angenehmem Geruch. VORKOMMEN: Vor allem auf Viehweiden, Brachäckern, an Wegrändern, in trockenen Jahren nach Regenfällen plötzlich massenhaft erscheinend, meist früh im August, noch im Oktober, in kühlen, nassen Jahren meist fehlend. WERT: Einer der besten Speisepilze überhaupt, dem Zuchtchampignon gleichwertig. VERWECHSLUNG: Der unbekömmliche KARBOLCHAMPIGNON kann am gleichen Ort vorkommen, er ist hochstielig, läuft in der Knolle gelb an und riecht beim Kochen karbolartig.

Ein Büschel von GRAUEN TINTLINGEN *am Grunde eines morschen Zaunpfahles*

WIESENCHAMPIGNON *am Rande eines Ackers. Junge Pilze haben lebhaft rosa Lamellenfarbe*

Schiefknolliger Anischampignon (*Agaricus abruptibulbus*) ★★★

Ein großer weißer, gilbender Pilz mit Anisgeruch, graurötlich-braunschwarzen Lamellen, beringtem Stiel und abgeflachter Knolle am Stielgrund, im Walde.

HUT 6–12 cm breit, anfangs eiförmig-zylindrisch, dann flach gewölbt, seidenglänzend, feinfaserig oder schuppig, elfenbeinweiß, bei Trockenheit und im Alter gilbend, beim Kratzen fast rotgelb anlaufend. LAMELLEN den Stiel nicht berührend, anfangs graublaß, dann graurosa, braunrötlich bis dunkel-schokoladenbraun. STIEL gelblichweiß, gelbfleckend, 7–12 cm hoch, mit hängendem Ring, unten knollig verdickt und meist schief abgeflacht. FLEISCH weiß, im Hut etwas gilbend, mit angenehmem Mandel-Anisgeruch. VORKOMMEN: Von Juli bis Oktober gesellig meist auf sauren, humusreichen Waldböden, gern im Buchenlaub oder in der Fichtennadelstreu, nicht selten. WERT: Vorzüglicher Speisepilz. VERWECHSLUNG: Darf nicht mit dem tödlich giftigen Kegelhütigen Knollenblätterpilz mit weißen Lamellen verwechselt werden (Seite 88).

Schafchampignon (*Agaricus arvensis*) ★★★

Dem vorigen ähnlicher Anischampignon, aber kaum knollig am Stielgrund und mit doppelschichtigem, unterseits sternförmig einreißendem Ring, mehr außerhalb des Waldes.

HUT 7–15 cm breit, erst schön halbkugelig, dann gewölbt und zuletzt flach, seidig-glatt, weiß, beim Reiben gelblich fleckend. LAMELLEN anfangs graurosa, zuletzt dunkel-schokoladenbraun. STIEL 7–14 cm hoch, kräftig, unten schwach verdickt, nach dem Aufschirmen mit großem, doppelschichtigem Ring, dessen untere Schicht in charakteristischer Weise am Rande sternförmig einreißt. FLEISCH dick, weiß, saftig, mit Anis- oder Mandelgeruch. VORKOMMEN: In offenem Grasland, auf Viehweiden, aber auch unter Gebüsch an Waldrändern oder in Parkanlagen, von Juni bis Oktober, zerstreut, standortstreu. WERT: Hervorragender Speisepilz, der im Wohlgeschmack kaum übertroffen werden kann. VERWECHSLUNG wäre nur mit dem übelriechenden, in der Stielknolle gilbenden Karbolchampignon möglich. Knollenblätterpilze haben weiße Lamellen.

SCHIEFKNOLLIGER ANISCHAMPIGNON *mit Heidelbeeren im sauren Buchenwald. Er kommt auch unter Fichten vor*

Eine Kolonie von SCHAFCHAMPIGNONS *in einem Garten. Die untere Schicht des Ringes ist sternförmig gespalten*

Ritterlinge, Trichterlinge und Verwandte

Die meisten Lamellenpilze mit am Stiel angewachsenen Lamellen und weißem Sporenstaub sind in der großen Familie der Ritterlingsartigen zusammengefaßt. Sie wachsen in zahlreichen Gattungen und Arten in unseren Wäldern. Den Pilzsammler interessieren vor allem die größeren und fleischigen Arten der Ritterlinge und Trichterlinge.

Bei den Ritterlingen *(Tricholoma, Calocybe* u. a.) sind die Lamellen um den Stiel herum ringförmig eingebuchtet, Stiel und Hut sind fleischig. Unter den vielen Arten gibt es einige gute Speisepilze, unter denen besonders der Grünling den meisten Pilzsammlern bekannt ist. Auch der gelblichweiße Mairitterling, der schon im Frühling seine Hexenringe und Reihen in Wäldern und auf Bergwiesen bildet, wird von Kennern sehr geschätzt. Verwandt sind die Rötelritterlinge *(Lepista)*, deren vielfach lebhaft violette Farben keineswegs, wie der Anfänger oft vermutet, ein Zeichen für Ungenießbarkeit oder Giftigkeit sind. Unter den braunen und grauen Ritterlingen befinden sich aber, trotz ihres appetitlichen Aussehens und guten Geruchs, einige giftige, Darmstörungen verursachende Arten.

Die Trichterlinge *(Clitocybe)* haben am Stiel herablaufende, eng stehende Lamellen und häufig trichterförmig eingetieften Hut. Neben vielen kleinen Arten, die besonders im Spätherbst in Kreisen und Reihen in der Laub- und Nadelstreu der Wälder wachsen, gibt es auch einige große. Überall häufig ist der Nebelgraue Trichterling, ein im Wert etwas zweifelhafter Speisepilz. Unter den mittelgroßen, zum Teil eßbaren, wenn auch wenig wertvollen Arten fällt der Anistrichterling durch Geruch und die grünliche Farbe auf.

Die übrigen verwandten Gattungen enthalten meist Pilze, die einen dünnfleischigen Hut und zähfaserige, knorpelige, hohle oder gar borstendünne Stiele besitzen, darunter zahlreiche kleine Arten, es sind die Rüblinge *(Collybia* u. a.), Lackpilze *(Laccaria)*, Schwindlinge *(Marasmius)*, Helmlinge *(Mycena)* und viele andere. Bemerkenswert ist der Samtfußrübling *(Flammulina)*, weil er einer der wenigen mitten im Winter wachsenden Speisepilze ist. Am gelben, schmierigen Hut, braunsamtigen Stiel an den gelben Lamellen und am Wachstum an Laubholz ist er leicht kenntlich. Im Winter findet man auch den zu den Seitlingen *(Pleurotus)* gehörenden Austernpilz an alten Stämmen; auch er kann, wenn er nicht zu alt ist, gegessen werden.

Der GRÜNLING *entwickelt sich oft unter der Nadeldecke. Auf dem klebrigen Hut haften meist Sandkörner oder Kiefernnadeln*

Grünling (*Tricholoma equestre*) ★★

Ein mittelgroßer fleischiger Pilz unter Kiefern, mit gelb-oliv-bräunlichem Hut, gelben Lamellen und Stiel; Mehlgeruch.

HUT 6–9 cm breit, anfangs glockig gewölbt, dann ausgebreitet, faserig-feinschuppig, klebrig, bei Regen schleimig, hell schwefelgelb, olivgelblich, zuletzt mit brauner Mitte. LAMELLEN breit, am Stiel tief ausgebuchtet, schwefelgelb. STIEL 4–6 cm lang, tief im Boden steckend, schwefelgelb. FLEISCH weißgelblich, mit an Mehl erinnerndem Geruch und Geschmack. VORKOMMEN: Spät im Jahr, vom September bis November in Kiefernwäldern auf sandigen Böden, stellenweise sehr häufig. WERT: Wohlschmeckender Speisepilz, auch als Marktpilz geeignet. VERWECHSLUNG ist möglich mit dem ähnlichen, gelben, schwach giftigen SCHWEFELRITTERLING, der meist in Laubwäldern wächst. Er ist leicht an seinem üblen, gasartig-stinkenden Geruch zu erkennen. VERWANDT ist auch der SCHWARZFASERIGE RITTERLING, den man im Spätherbst oft mit dem Grünling zusammen findet. Er hat einen schwarzfaserigen klebrigen Hut, blaßgelbliche Lamellen und Stiel, milden Mehlgeschmack, im Wert dem Grünling gleich. ANDERER NAME: Echter Ritterling.

Violetter Rötelritterling *(Lepista nuda)* ★★

Ein mittelgroßer fleischiger Pilz mit auffallenden violetten Farben an Hut, Stiel und Lamellen.

HUT 7–12 cm breit, anfangs gewölbt, dann flach, aber lange Zeit mit eingerollter Kante, hell violett, oft in der Mitte etwas bräunlich. LAMELLEN am Stiel ausgebuchtet, beim jungen Pilz lebhaft violett, später etwas bräunlich. STIEL 4–7 cm hoch, fleischig, blaß violett, etwas faserig. FLEISCH bei jungen Pilzen violett, später ausblassend bis fast weißlich, mit kräftigem, eigenartigem Geruch. VORKOMMEN: Allgemein verbreitet und häufig von Mitte September bis Anfang Dezember in Laub- und Nadelwäldern auf dicken Humuslagen, besonders in Buchen- und Fichtenwäldern, oft in Reihen und Ringen. WERT: Guter Speisepilz. VERWANDT ist der LILASTIEL, bei dem nur der Stiel schön lila ist, Hut und Lamellen aber bräunlich-blaß. Er wächst im Spätherbst auf Wiesen und ist eßbar. VERWECHSLUNG ist möglich mit ungenießbaren violetten Schleierlingen, beispielsweise mit dem Lila Dickfuß (Seite 120).

Nebelgrauer Trichterling *(Clitocybe nebularis)* o★

Ein großer fleischiger Pilz mit grauem Hut und blaßgelblichen, am Stiel herablaufenden Lamellen, Hexenringbildner.

HUT 8–15 cm breit, anfangs gewölbt mit stark eingerollter Kante, dann verflachend bis niedergedrückt, in der Mitte mausgrau, am Rande heller, meist mit schimmelartigem weißem Myzelstaub bedeckt, der sich abwischen läßt. LAMELLEN herablaufend, gelblichblaß. STIEL kräftig, am Grund verdickt, blaßgrau. FLEISCH dick, weiß, mit süßlich-aromatischem, eigentümlichem Geruch. VORKOMMEN: Im Spätherbst überall häufig in Laub- und Nadelwäldern, gern auf dicken Humuslagen, stets gesellig in Reihen und Hexenringen. WERT: Eßbar und ergiebig, wird auch auf Märkten feilgeboten, ist aber schwer verdaulich und kann Verdauungsstörungen hervorrufen, Abbrühen (5 Min. in kochendheißem Wasser, Wasser abgießen) wird empfohlen. VERWECHSLUNG ist möglich mit dem ähnlichen Riesenrötling, der aber rötliche, am Stiel eingebuchtete Lamellen hat (Seite 96). ANDERE NAMEN: Graukappe, Herbstblattl.

VIOLETTE RÖTELRITTERLINGE *in einer üppigen Form im subalpinen Nadelwald. Trotz der auffallenden Farbe ist der Pilz eßbar*

NEBELGRAUE TRICHTERLINGE *im Buchenlaub. Sehr bezeichnend für den Pilz ist der reifartige weiße Überzug auf dem Hut*

Anistrichterling *(Clitocybe odora)* ★

Mittelgroßer, an der blaugrünlichen Farbe und dem starken süßen Anisduft leicht kenntlicher Pilz.

HUT 4–8 cm breit, flach gewölbt, schließlich ausgebreitet bis vertieft, oft unregelmäßig verbogen, blaßgrün, graugrün oder lebhaft blaugrün, verblassend fast weiß. LAMELLEN am Stiel angewachsen bis herablaufend, grünlichblaß, etwas heller als der Hut. STIEL 4–6 cm hoch, blaßgrünlich, unten weißfilzig und oft mit durch Myzelfilz festgekitteten Blättern oder Nadeln. FLEISCH grünlichweiß, überaus stark nach Anis duftend, wodurch man den Pilz oft schon aus einiger Entfernung feststellen kann. VORKOMMEN: Vom Juli bis Oktober häufig in der Streu von Laub- und Nadelwäldern, oft gesellig. WERT: Eßbar. VERWANDT ist der ebenso große FUCHSROTE TRICHTERLING mit braungelblich-rötlichen Farben und stärker getrichtertem Hut, der an ähnlichen Standorten oft große Hexenringe bildet, als Bratpilz recht brauchbar. Die vielen kleinen Trichterlinge kommen als Speisepilze nicht in Frage.

Austernseitling *(Pleurotus ostreatus)* ★

Großer, büschelig an älteren Laubbäumen wachsender Pilz mit graugelblichem, graubraunem oder schieferschwarzem Hut und randständigem, sehr kurzem Stiel.

HUT 5–15 cm breit, muschelförmig mit eingebogenem Rand, etwas schräg aufgerichtet am Baumstamm ansitzend, glatt, verschieden gefärbt, meist anfangs dunkelgrau, schiefer-blauschwarz, olivgrau, später bräunlich ausblassend, oder auch ganz hell. LAMELLEN herablaufend, weißlich, dann blaßbräunlich. STIEL meist randständig, kurz, dick, weiß, rauhfilzig. FLEISCH dick, weißlich. VORKOMMEN: Von Ende Oktober bis Januar, kälteertragend, in dichten, dachziegelartigen Büscheln an älteren Laubbäumen, besonders Buchen, häufig. WERT: Eßbar, aber ziemlich zäh; jüngere Exemplare können, durch den Fleischwolf gedreht, gut zu Pilzfrikadellen verarbeitet werden. Ältere, überständige Exemplare sind zu meiden. ÄHNLICH ist der GELBSTIELIGE SEITLING mit grünlichgelbem Hut, gelben Lamellen und braunfilzigem, gelbem Stiel, nicht eßbar.

Der ANISTRICHTERLING *ist einer der wenigen Pilze mit blaugrünlichen Farben an Hut und Lamellen*

Erst nach dem Laubfall erscheint der AUSTERNPILZ *in mächtigen Büscheln an sterbenden alten Buchen*

Rötlicher Lackpilz *(Laccaria laccata)* ⋆

Kleiner rotbrauner (oder violetter, siehe unten!) Pilz, kenntlich an den breit angewachsenen, entfernten Lamellen, die von den Sporen weiß bepudert werden.

HUT 2–6 cm breit, erst kissenförmig gewölbt, dann verflacht und in der Mitte vertieft, mit gestreiftem Rand, in der Mitte feinschuppig, rotbraun. LAMELLEN sehr entfernt, sehr breit und dick, am Stiel angewachsen und zahnförmig herablaufend, fleischrötlich-rosa, zuletzt von den Sporen weißbestäubt. STIEL dünn, mit zähfaserigem Fleisch, rotbraun, faserig-gestreift. FLEISCH im Hut nur dünn, rötlichblaß. VORKOMMEN: Vom Sommer bis zum Spätherbst ein außerordentlich häufiger Pilz in den verschiedensten Waldgesellschaften, auch außerhalb des Waldes in der Heide, am Rande von Mooren usw. WERT: Eßbar, aber unergiebig, die zähen Stiele sind unbrauchbar. VERWANDT ist der anfangs in allen Teilen prachtvoll violette AMETHYSTBLÄULING oder LILA LACKPILZ, dessen Hut zuletzt weißlich ausblaßt. Er ist vor allem in Laubwäldern häufig, eßbar.

Feldschwindling *(Marasmius oreades)* ⋆⋆⋆

Ein kleiner blaß ockergelblicher Pilz mit entfernt stehenden Lamellen und bezeichnendem Geruch, der in Reihen und Ringen in offenem Grasland wächst.

HUT 2–5 cm breit, erst gewölbt, dann breitglockig-ausgebreitet mit stumpfem Buckel, blaß ocker oder ockerrötlich, beim Austrocknen weißlich mit dunkel durchwässerter Randzone. LAMELLEN entfernt stehend, breit, am Stiel ausgebuchtet, etwa wie der Hut gefärbt. STIEL 4–7 cm hoch, zäh, feinst weißfilzig, ähnlich dem Hut gefärbt. FLEISCH weißlichblaß, mit mildem, angenehm nußartigem Geschmack und bezeichnendem, würzigem Nelken- oder Bittermandelgeruch. VORKOMMEN: Vom Frühjahr an in offenem Grasland, in Trockenrasen, auf Viehweiden oder in Grasstreifen an Feldwegen, gesellig, Hexenringe bildend, häufig. Der Pilz lebt parasitisch auf Graswurzeln, in den Ringen ist das Gras durch Abscheidung von Stickstoffsalzen blaugrün gefärbt. WERT: Vorzüglicher Speisepilz, besonders gebraten. ANDERE NAMEN: Nelkenschwindling, Kreisling.

RÖTLICHE LACKPILZE *auf moosiger Waldschneise. Beim Umdrehen erkennt man den häufigen Pilz an den entfernten rosa Lamellen*

FELDSCHWINDLINGE: *Teil eines Hexenringes in einem Trockenrasen inmitten von blühendem Thymian*

Lamellenpilze an Stümpfen und Stämmen

Ältere oder beschädigte Bäume, abgefallene Äste und vor allem die vielen Baumstümpfe in unseren Wäldern sind die Wohnstätten für eine Vielzahl verschiedenster Pilze aus allen Verwandtschaftsgruppen. Sie leben vom toten Holz, das sie im Laufe der Jahre aufzehren. Auf die frische Schnittfläche eines Stumpfes, in die bloßgelegten Zellen und Leitungsbahnen hinein fallen schon bald nach dem Fällen des Stammes zahlreiche Sporen und keimen dort. Es dauert noch einige Jahre, bis die ersten Fruchtkörper erscheinen. Nach diesem Anfangsstadium folgt eine Reihe von Jahren, in denen die Myzelien üppig wachsen und alljährlich Fruchtkörper bilden. Bei Buchen dauert dies Optimalstadium je nach dem Standort etwa vom fünften bis zum zwölften Jahr nach dem Fällen, später hört das Pilzwachstum allmählich auf, und nur noch Moose überkleiden die morsche Baumstumpfruine.

Wer solche Baumstümpfe kennt, kann viele Jahre hintereinander dort seine Ernten von Stockschwämmchen oder Hallimasch holen. Auf größeren Stümpfen gedeihen meist mehrere Arten beisammen, das Stockschwämmchen und sein giftiger Doppelgänger, der Grünblättrige Schwefelkopf, können Hut an Hut nebeneinander wachsen. Der Hallimasch kann auch auf weite Strecken hin alle Stümpfe allein beherrschen. Er kann sich nämlich auch unter der Erde ausbreiten, indem er drahtartige Myzelstränge aussendet. Dabei dringt er nicht selten auch in die Wurzeln lebender junger Nadelbäume ein und tötet sie im Laufe der Jahre ab. Später brechen dann die Fruchtkörper aus dem toten Stamm hervor wie auf dem nebenstehenden Bild.

Der leicht kenntliche Hallimasch wird in unseren Wäldern sehr viel gesammelt, kommt man zur rechten Zeit, kann man ihn säckeweise ernten. An das Stockschwämmchen, das wenigstens so gut, ja besser schmeckt als der Hallimasch, wagen sich nicht alle Sammler heran aus Furcht vor Verwechslung mit dem Grünblättrigen Schwefelkopf. Doch ist die Unterscheidung sehr leicht, wie aus den Artenbeschreibungen hervorgeht. Als dritter der büschelig auf Stümpfen wachsenden Speisepilze sei hier der recht wohlschmeckende Graublättrige Schwefelkopf genannt, den man auf Nadelholzstümpfen zu suchen hat. Die einzeln wachsenden Holzritterlinge, Dachpilze und andere sind für die Pilzküche wenig geeignet.

Der HALLIMASCH *hat eine Jungfichte angegriffen. Nach dem Absterben des Baumes erscheinen die Fruchtkörper des Pilzes*

Hallimasch *(Armillariella mellea)* ★★

Büschelig an Holz wachsender Pilz mit honiggelbem bis rosabräunlichem, schuppigem Hut, beringtem Stiel, weißem Sporenstaub und zusammenziehend-bitter schmeckendem Fleisch.

HUT 5–10 cm breit, bei jungen Pilzen halbkugelig geschlossen, dann flach gewölbt, honiggelb oder blaßbräunlich, oft mit rötlichem Ton, mit spitzen braunschwarzen Schuppen. LAMELLEN blaß, dann bräunlich, oft fleckig. STIEL mit bald abfallenden Schüppchen, blaß bräunlich, mit hautartigem Ring. FLEISCH blaß, roh mit herbem Geschmack. VORKOMMEN: Selten schon im Sommer, massenhaft im Herbst büschelweise auf Stümpfen von Laub- und Nadelholz. WERT: Viel gesammelter, recht wohlschmeckender Speisepilz, von dem man nur junge Exemplare sammeln soll. Rohe Pilze sind giftig. Empfindliche Personen vertragen den Pilz nicht. VERWECHSLUNG ist möglich mit dem braunsporigen Sparrigen Schüppling (Seite 114).

Sparriger Schüppling *(Pholiota squarrosa)* o*

Dem Hallimasch ähnlicher, aber stärker schuppiger Pilz mit olivgelblichen-braunen Lamellen und braunem Sporenstaub.

HUT 6–12 cm breit, erst halbkugelig geschlossen, dann gewölbt bis flach, auf strohgelbem Grund mit dicht stehenden, kreisförmig angeordneten, sparrig abstehenden Schuppen. LAMELLEN dicht stehend, olivgelblich, später braun. Stiel 6–12 cm hoch, gekrümmt, mit zerfetztem Ring, über diesem glatt und blaßgelblich, unten mit abstehenden braunen Schuppen bekleidet. FLEISCH im Hut blaßgelb, im Stiel gelb, mit schwach rettichartigem Geruch. VORKOMMEN: Im Herbst und Spätherbst häufig büschelig meist am Grunde von lebenden Stämmen oder Stümpfen von Laubhölzern und Fichten, gern an Apfelbäumen, wird als Parasit schädlich. WERT: Als Speisepilz kaum zu empfehlen, da wenig schmackhaft, er sollte wenigstens abgebrüht werden. VERWECHSLUNG: Doppelgänger des Hallimasch, mit dem er oft verwechselt wird. VERWANDT sind mehrere weitere zum Teil schmierig-schleimige Schüpplinge, die nicht eßbar sind.

Stockschwämmchen *(Kuehneromyces mutabilis)* ***

Gebüschelt an Stümpfen wachsender honiggelber Pilz mit dunkler durchwässerter Randzone, blaßbraunen Lamellen, braunem Stielring und schuppigem Stiel.

HUT 3–8 cm breit, erst glockig gewölbt, dann ausbreitend, glatt und fettig glänzend, ockergelb, am Scheitel oft braunrötlich, Wasser aufsaugend und daher meist mit durchwässerter dunklerer Randzone. LAMELLEN blaß- bis zimtbraun. STIEL 4–9 cm hoch, dünn, verbogen, mit abstehendem Ring, der bald durch die Sporen braun gefärbt wird, über dem Ring blaßgelblich, unten rostbraun geschuppt. FLEISCH gelbbräunlich, mit starkem, würzigem Duft. VORKOMMEN: Von April bis Oktober sehr häufig an Stümpfen von Laubbäumen, besonders von Buchen und Birken, zuweilen auch von Fichten. WERT: Vorzüglicher Bratpilz, auch für Suppen und Soßen als Würzpilz sehr geeignet. VERWECHSLUNG mit dem giftigen Grünblättrigen Schwefelkopf (Seite 116) wird durch einen Blick auf Lamellen und Stiel leicht vermieden.

Der SPARRIGE SCHÜPPLING, *ein Doppelgänger des Hallimaschs, wächst gern unmittelbar am Stammgrund lebender Bäume*

STOCKSCHWÄMMCHEN *haben einen Buchenstumpf besiedelt. Hier hat man gleich ein kleines Pilzgericht beisammen*

Grünblättriger Schwefelkopf *(Naematoloma fasciculare)* †

Dem Stockschwämmchen ähnlich, aber mit mehr schwefelgelben Farben an Hut und Stiel und gelbgrünlichen Lamellen.

HUT 3–6 cm breit, flach gewölbt, glatt, ganz schwefelgelb oder mit gelb- bis rotbrauner Mitte und schwefelgelbem Rand. LAMELLEN dicht stehend, erst schwefelgelb, dann mit grünlichem Ton, zuletzt schmutzig grünlich-bräunlich. STIEL 5–10 cm hoch, dünn, gebogen, oben blaß schwefelgelb, unten gelbbraun, manchmal mit ringartigen, durch die Sporen dunkel gefärbten Schleierresten. FLEISCH schwefelgelb, sehr bitter schmeckend. VORKOMMEN: Von April bis Winteranfang büschelig auf Stümpfen von Laubhölzern, auch von Fichten, sehr häufig. GIFTGEHALT: Verursacht heftige Darmstörungen. VERWANDT, aber größer und derber mit 5–10 cm breitem Hut von der Mitte lebhaft ziegel-braunroter Farbe und gelbem Rand und mit über 1 cm dickem Stiel und olivlich-gelbbraunen Lamellen ist der häufige ZIEGELROTE SCHWEFELKOPF, gleichfalls auf Laubholz wachsend, beschränkt eßbar, Abkochen wird empfohlen.

Graublättriger Schwefelkopf *(Naematoloma capnoides)* **

In Größe, Gestalt und Farbe dem Stockschwämmchen und Grünblättrigem Schwefelkopf ähnelnd, aber mit grauen Lamellen, nur auf Nadelholz wachsend. Sporenstaub violettschwarz.

HUT 3–6 cm breit, flach gewölbt, mit herabgebogener Kante, an der anfangs helle Schleierreste hängen, glatt, bei feuchtem Wetter Wasser aufsaugend und dann fettig-glänzend, blaßgelb bis honiggelb mit rötlichbrauner Mitte. LAMELLEN anfangs blaßgelblich, dann aschgrau bis violettgrau, ohne den gelbgrünlichen Ton der vorigen Art. STIEL gebogen, oben blaßgelb und oft querwellig-seidenglänzend, unten rotbraun. FLEISCH gelbweiß, mild, mit an rohe Erbsen erinnerndem Geschmack. VORKOMMEN: Sehr häufig schon im Frühling, dann wieder im Herbst bis in den Winter hinein überall auf Stümpfen von Kiefern, Fichten und Lärchen, oft massenhaft. WERT: Recht guter Speisepilz. VERWECHSLUNG mit der vorigen Art und mit ungenießbaren Flämmlingen (Lamellen gelb bis braun) wird durch die graue Lamellenfarbe ausgeschlossen.

Der GRÜNBLÄTTRIGE SCHWEFELKOPF *ist einer der häufigsten büschelig wachsenden Baumstumpfpilze. Er bevorzugt Laubholz*

Der GRAUBLÄTTRIGE SCHWEFELKOPF *lebt ausschließlich an Nadelholz. Beim Umwenden erkennt man die grauen Lamellen*

Rißpilze, Träuschlinge und Schleierlinge

Auf den folgenden Seiten werden einige wenige Vertreter aus weiteren Gattungen der Lamellenpilze mit stärker gefärbtem Sporenstaub vorgestellt.

Die Rißpilze *(Inocybe)* sind eine artenreiche Gattung, deren Hutoberfläche eine radialfaserige Struktur hat und daher meist gestreift oder schuppig-aufgesprungen erscheint. Der Hutrand reißt beim Aufschirmen gern vom Rande her ein (daher der Name). Sie haben schmutzig-bräunlichen oder erdbraunen Sporenstaub. Unter den Rißpilzen gibt es eine größere Zahl giftiger Arten, die meisten sind aber ziemlich klein und unansehnlich, so daß sie ohnehin nicht gesammelt werden. Unter den größeren Arten ist der Ziegelrote Rißpilz ein nicht ungefährlicher Giftpilz, zumal er mit Champignons oder Mairitterlingen verwechselt werden kann.

Die Träuschlinge *(Stropharia)* bilden eine kleinere Gattung von Lamellenpilzen mit dunklem, purpurbraunem Sporenstaub und beringtem Stiel. Sie erinnern ein wenig an die Champignons. Sie wachsen auf gedüngtem Boden oder Humus, ihr auffälligster Vertreter ist der häufige Grünspanpilz.

Eine der größten Gattungen der Lamellenpilze überhaupt stellen die Schleierlinge *(Cortinarius* mit mehreren Untergattungen) dar. Als gemeinsames Merkmal haben sie rostbraunen Sporenstaub und einen spinnwebartig-fädigen Schleier (eine sog. *Cortina)*, der beim jungen Pilz zwischen Hutrand und Stiel aufgespannt ist und beim Aufschirmen abreißt. Seine Reste sitzen oft noch als von den Sporen braungefärbte Fasern am Stiel. Die Schleierlinge, besonders die Schleimköpfe mit klebrigem Hut sind zum Teil stattliche, prachtvoll gelb, orange, braun oder violettblau gefärbte Pilze, die meist in Gebirgswäldern zu Hause sind. Zahlreiche kleinere, meist bräunlich gefärbte und selbst für den Kenner schwer unterscheidbare Arten leben überall in Wäldern.

Bis vor kurzem war man der Ansicht, daß sich unter den Schleierlingen zwar keine guten Speisepilze, aber auch keine Giftpilze befänden, doch hat sich dies als Irrtum herausgestellt. Der Orangefuchsige Hautkopf verursachte in Polen überraschend eine Anzahl von schweren Vergiftungen, davon 14 mit tödlichem Ausgang. Dem Pilzsammler ist daher zu raten, mit unbekannten Schleierlingen keine Eßversuche anzustellen.

ZIEGELROTE RISSPILZE *im Fallaub am Rande einer Waldstraße. Bei trockenem Wetter sind Hut und Stiel kräftig gerötet*

Ziegelroter Rißpilz *(Inocybe patouillardi)* †

Mittelgroßer, schon im Mai bis Juli erscheinender Pilz mit weißlichem, später rötendem, längsfaserigem Hut, ebensolchem Stiel und weißlich-graubräunlichen Lamellen.

HUT 3–8 cm breit, kegel- oder glockenförmig, später geschweiftgebuckelt, längsfaserig und am Rande einreißend, anfangs weiß, später ockergelblich und mehr oder weniger stark zinnoberrot anlaufend, auch an Druckstellen rötend. LAMELLEN anfangs blaß, dann hell graugelblich, zuletzt bräunlich. STIEL 4–10 cm hoch, weiß, im Alter und an Druckstellen rötend. FLEISCH weiß, langsam rötend, zuletzt ähnlich gärendem Obst riechend. VORKOMMEN: Von Ende Mai an, meist im Juni und bis Mitte Juli (selten später) auf neutralem oder kalkhaltigem Boden in verschiedenen Laubwaldgesellschaften, gern auch an Straßenrändern oder in Parkanlagen, an geeigneten Stellen nicht selten und alljährlich wiedererscheinend. GIFTGEHALT: Er gehört zu den gefährlichen Giftpilzen und kann, in größerer Menge genossen, sogar tödlich wirken (Seite 62). VERWECHSLUNG ist möglich mit Champignons und besonders dem Mairitterling, der gleichzeitig und an ähnlichen Stellen wächst.

Grünspanpilz *(Stropharia aeruginosa)* o

Mittelgroßer Pilz, einzigartig und unverkennbar durch seinen blaugrün-schleimigen Hut mit weißen Flöckchen, beringten Stiel und purpurbraunen Sporenstaub.

HUT 3–8 cm breit, erst kegelig-glockig, dann ausgebreitet, völlig überzogen mit einem lebhaft blaugrünen Schleim, in dem besonders nahe dem Hutrand vereinzelte weiße Flocken schwimmen, später nach Vergehen oder Abwaschen des Schleims von der Mitte her gelblich ausblassend. LAMELLEN am Stiel angewachsen, erst violettgrau, dann schokoladenfarben-purpurbraun mit weißlicher Schneide. STIEL 4 bis 8 cm hoch, weißlich oder blaßgrünlich, mit weißlichem, bald von den Sporen gefärbtem Ring, unterhalb des Ringes schuppig. FLEISCH blaßgrünlich, im Stielgrund grün, mit Rettichgeruch. VORKOMMEN: Von August bis zum Spätherbst meist gesellig in Laub- und Nadelwäldern auf dicken Humuslagern, auch außerhalb des Waldes, beispielsweise auf Gartenland. WERT: Wohl kaum giftig, aber nicht schmackhaft. ANDERER NAME: Grünspanträuschling.

Lila Dickfuß *(Cortinarius traganus)* o

Mittelgroßer bis großer Pilz mit hellviolettem, später blaßbräunlichem Hut, braunen Lamellen, gelbrötlichem Fleisch und üblem, gasartigem Geruch.

HUT 5–10 cm breit, anfangs halbkugelig mit eingerolltem Rand, dann gewölbt, trocken, feinfaserig-schuppig, etwas seidig schimmernd, anfangs blaß violett, schließlich von der Mitte her bräunlich werdend. LAMELLEN anfangs ockerbräunlich, dann rötlichbraun, mit hellerer, fein gekerbter Schneide. STIEL 6–9 cm hoch, kräftig, unten knollig erweitert, blaßviolett mit gleichfarbenen Schleierresten. FLEISCH hell safrangelb, im Stiel mit rostbraunem Ton, mit sehr unangenehmem, gasartig-erstickendem Geruch und bitterem Geschmack. VORKOMMEN: Vorwiegend in Gebirgsfichtenwäldern, nicht selten. WERT: Ungenießbar, erregt Übelkeit. VERWECHSLUNG: Diese Art und mehrere ähnliche Schleierlinge mit violetten Farben können mit dem Violetten Rötelritterling verwechselt werden, der aber in der Jugend keinen Schleier und anders gefärbte Sporen hat.

Noch spät im Jahre wächst der schöne GRÜNSPANPILZ *im kupferroten Fallaub des Buchenwaldes*

Der LILA DICKFUSS *zwischen Preisel- und Heidelbeeren. Die Hutunterseite zeigt die braunen Lamellen und Reste des Schleiers*

Reifpilz *(Rozites caperata)* ★★

Mittelgroßer bis großer Pilz mit lehmfarben-bräunlichem Hut und weißlichbereifter Mitte, blaßbräunlichen Lamellen und weißberingtem Stiel.

HUT 6–12 cm breit, anfangs glockenförmig geschlossen auf dem dick-zylindrischen Stiel sitzend (einem Sektpfropfen ähnlich), dann ausgebreitet mit breitem Buckel, gefurcht, ockergelblich, oft mit fleischfarbenem Ton, anfangs mit weißlichem Reif bedeckt. LAMELLEN ockerbräunlich mit gekerbtem Rand. STIEL 7–14 cm hoch, festfleischig, am Grunde etwas verdickt, mit mittelständigem, häutigem, weißlichem Ring, blaß gelbbräunlich. FLEISCH in der Hutmitte ziemlich dick, gelblichweiß, unter der Oberhaut orangebraun. VORKOMMEN: In verschiedenen Waldgesellschaften auf sauren Böden, vor allem in Kiefernwäldern, aber auch in Sauerhumusbuchenwäldern, meist (nur?) in Gesellschaft der Heidelbeere, im August und September gebietsweise und in manchen Jahren häufig. WERT: Sehr guter Speisepilz. ANDERER NAME: Runzelschüppling.

Wolliger Milchling *(Lactarius vellereus)* o

Großer bis riesiger weißlicher Pilz mit filziger Oberseite und weißem Milchsaft.

HUT 10–20 cm breit oder noch größer, zuerst gewölbt, bald mit breiter Vertiefung in der Mitte, lange Zeit mit stark eingerolltem Rand, fein samtfilzig, erst weiß, dann mit schmutzig bräunlichen Tönungen oder braunen Flecken. LAMELLEN ziemlich entfernt stehend, am Stiel herablaufend, gelblichweiß, im Alter bräunlich werdend. STIEL kurz, dick und sehr fest, kaum über 4–6 cm hoch, feinfilzig, weiß, später bräunlich. FLEISCH weiß und fest, brüchig, jung mit sehr reichlicher weißer, meist milder Milch, das Fleisch schmeckt brennend-scharf. VORKOMMEN: Von Ende Juli an häufig und truppweise auf saurem bis basischem Untergrund, besonders in Rotbuchen- und Eichen-Hainbuchenwäldern, auch unter Fichten. WERT: Völlig ungenießbar. ÄHNLICH ist der PFEFFERMILCHLING mit sehr engen Lamellen und glattem, querrunzligem Hut, ungenießbar. ANDERER NAME: Erdschieber.

REIFPILZE *im Kiefernwald. Wo sie häufiger vorkommen, sind sie als Speisepilze bekannt und geschätzt*

Der WOLLIGE MILCHLING *hat Fallaub hochgeschoben und eine Jungeiche zur Seite gedrückt. Daneben wirkt der* SPEITÄUBLING *wie ein Zwerg*

Milchlinge und Reizker

Von den übrigen Lamellenpilzen unterscheidet sich die Familie der Sprödblättler durch einen abweichenden Aufbau des Zellgewebes. Während jene ganz aus langfädigen Pilzzellen oder Hyphen aufgebaut sind und ihr Fleisch demgemäß faserige Struktur besitzt, sind die Sprödblättler durch große, blasenförmige Zellen, sogenannte *Sphaerozysten*, gekennzeichnet. Man kann daher das Fleisch der Sprödblättler leicht durchbrechen, es erinnert an Apfel- oder Kartoffelfleisch (Abbildung Seite 163). Die Sporen der Sprödblättler sind mehr oder weniger rundlich und tragen ein Ornament aus Warzen, Stacheln oder Graten, das sich in Jod violettschwarz färbt. Zur Familie gehören zwei Gattungen mit jeweils vielen Arten, die Milchlinge, zum Teil auch Reizker genannt *(Lactarius)*, mit einem im ganzen Fruchtkörper verzweigten System von saftführenden Röhrchen, und die Täublinge mit trockenem Fleisch.

Wenn man von einem Milchling ein Stück am Hutrand abbricht oder die Lamellen nahe am Stiel verletzt, tritt alsbald die meist weiße, in selteneren Fällen wässerige oder orangerote »Milch« aus. Nur bei älteren Exemplaren versiegt der Saft. Bei einigen Milchlingen kann die anfangs weiße Milch ihre Farbe nach wenigen Sekunden oder Minuten verändern und in Gelb, Rot oder Violett umschlagen. Sie schmeckt bei wenigen Arten völlig mild, bei den meisten aber infolge eines harzartigen Inhaltstoffes bitter oder aber außerordentlich scharf brennend. Alle bitteren oder scharfen Milchlinge sind ungenießbar, sie können nur durch längeres Auswässern nach dem Zerschneiden unter mehrmaligem Wasserwechsel und darauffolgendem nochmaligem Abkochen genießbar gemacht werden. In Finnland und den osteuropäischen Ländern werden die Milchlinge auch durch Einsalzen oder Einsäuern verwertet. Wirklich schmackhafte Speisepilze sind aber nur der Kiefernblutreizker und der Brätling. Giftpilze sind unter den Milchlingen nicht bekannt, lediglich der Bruchreizker mit wasserklarem Saft kann Erbrechen hervorrufen.

Die Milchlinge kommen in zahlreichen Arten – etwa 70 sind aus Mitteleuropa bekannt – in unseren Wäldern vor und können zur Hauptpilzzeit oft zusammen mit den Täublingen den Pilzaspekt beherrschen. Viele von ihnen sind an bestimmte Baumarten gebunden oder vom Säuregrad des Bodens abhängig.

BRÄTLING *in einer Krautschicht eines Laubmischwaldes. Aus einer verletzten Stelle am Hutrand quillt ein Milchtropfen*

Brätling *(Lactarius volemus)* ★★

Großer Milchling mit trockenem, schön orangebräunlichem Hut, üppigem weißem, mildem Milchsaft und Heringsgeruch im Alter.

HUT 6–12 cm breit, flach gewölbt mit niedergedrückter Mitte, anfangs mit eingerolltem Rand, matt und trocken, häufig rissig aufgesprungen, schön orange-gelbbraun. LAMELLEN sahnegelblich, bei Verletzung rotbraun fleckend. STIEL 3–8 cm hoch, kräftig und fest, glatt, heller orangebräunlich als der Hut, oben blaß. FLEISCH blaßgelblich, bei geringster Verletzung reichliche weiße, abtropfende Milch absondernd. Die Milch schmeckt mild mit leicht bitterem Nachgeschmack. Ältere Pilze riechen nach Hering oder Hummer. VORKOMMEN: Von Juli bis Oktober meist einzeln oder zu wenigen in verschiedenen Laubwaldgesellschaften auf neutralen bis sauren Böden, auf Sand meist fehlend, in Norddeutschland ziemlich selten und nur im Laubwald, in Süddeutschland gebietsweise häufig und auch in Gebirgsfichtenwäldern. WERT: Die Hüte jüngerer Pilze schmecken gebraten vorzüglich, ähnlich wie Leber. VERWECHSLUNG: Ähnlich sind mehrere kleinere, als Speisepilze kaum in Betracht kommende Milchlinge.

Kiefernblutreizker *(Lactarius deliciosus)* ***

Mittelgroßer bis großer Milchling mit orange-fuchsrötlichem, stark gezontem Hut und mohrrübenrotem, unveränderlichem Saft, meist unter Kiefern.

HUT 5–14 cm breit, anfangs gewölbt mit niedergedrückter Mitte und stark eingerolltem, oft wellig verbogenem Rand, bei feuchtem Wetter schmierig. LAMELLEN blasser orangegelblich. STIEL 3–7 cm hoch, kräftig, hohl, blaß rötlich-orange, meist mit etwas eingetieften orangeroten Flecken. FLEISCH mit mildem, orangefarbenem Saft, der auf einer Bruchstelle nach längerer Zeit verblaßt oder schmutzgrünlich wird. VORKOMMEN: August bis Spätherbst einzeln oder zu wenigen meist unter Kiefern, wenig häufig. WERT: Vorzüglicher Speisepilz, in Schnitzeln gebraten oder ganze Hüte paniert eine Delikatesse. Ähnlich und viel häufiger ist die folgende Art, es gibt noch weitere, schwer unterscheidbare Sippen. Leicht kenntlich ist der SÜDLICHE BLUTREIZKER mit von Anfang an dunkelweinrotem Saft, er wächst unter Kiefern auf Kalkboden.

Fichtenblutreizker *(Lactarius semisanguifluus)* *

Mittelgroßer Reizker der Fichtenwälder, vom vorigen unterschieden besonders durch weinrote Umfärbung des Milchsaftes.

HUT 3–10 cm breit, anfangs gewölbt mit eingerolltem Rand, später ausbreitend und flach trichterig vertieft, bei feuchtem Wetter schmierig, orange-fleischrötlich oder mit unreinen Orangetönen, mit starker Neigung zum Grünflecken besonders am Rande, mit schmalen Zonen oder ungezont. LAMELLEN ockerblaß bis hellorange, oft schmutziggrün gefleckt. STIEL 3–6 cm hoch, glatt, innen markig-hohl, meist von Maden ausgefressen, wie der Hut gefärbt. FLEISCH nur im Stielmark weiß, sonst gelblich, im Schnitt besonders in der Stielrinde orange. Die anfangs orangerote Milch verfärbt sich auf der Schnittstelle nach einigen Minuten purpur-weinrötlich, Geschmack deutlich bitter. VORKOMMEN: Von Juli bis Oktober besonders in jungen Fichtenwäldern im Hügel- und Bergland häufig, auf Sandboden fehlend. WERT: Wegen des bleibend bitteren Nachgeschmacks weniger gut als der vorige.

KIEFERNBLUTREIZKER *zwischen Haarmützenmoosen. Sein Stiel ist mit orangefarbigen Flecken geschmückt*

FICHTENBLUTREIZKER *auf einer Waldweide im Gebirge zwischen Wiesenkräutern und Gräsern*

Birkenreizker *(Lactarius torminosus)* o

Mittelgroßer bis großer fleischrosa Milchling mit zottigem Hutrand und weißer, sehr scharfer Milch, nur unter Birken.

HUT 5–12 cm breit, gewölbt mit nabelig-vertiefter Mitte und rundem, lange Zeit stark eingerolltem Rand, anfangs außer in der Mitte stark faserig-zottig, besonders am Hutrand mit lang überstehenden Zottenhaaren, fleischfarben-rosa mit dunkleren Ringzonen. LAMELLEN blaßrötlich. STIEL 2–6 cm hoch, kräftig und fest, bald hohl, blaßrosa, oben heller. FLEISCH weißlich-blaßrosa, anfangs mit reichlichem, bleibend weißem, brennend-scharfem Milchsaft. VORKOMMEN: Von August bis Oktober ausschließlich unter Birken in allen Waldgesellschaften, wo die Birke vorkommt, auch unter Birken an Wegrändern, nicht in allen Gegenden häufig. WERT: Ungenießbar und unbekömmlich. VERWECHSLUNG: Er sieht dem Kiefernblutreizker ähnlich, ist aber am Saft sofort kenntlich. ÄHNLICH ist der ebenso zottige und bei Birken wachsende BLASSE ZOTTENREIZKER, etwas kleiner und mit ockerblassem, ungezontem Hut.

Rotbrauner Milchling *(Lactarius rufus)* o

Mittelgroßer rotbrauner, in der Mitte kleingebuckelter Milchling mit sehr scharfem Saft.

HUT 4–8 cm breit, erst flach gewölbt mit eingerolltem Rand, dann flach und um den meist deutlichen kleinen Buckel vertieft, etwas uneben-rauhlich, aber glatt und etwas glänzend, unveränderlich braunrot. LAMELLEN blaßgelblich, dann ockerrötlich, zuletzt durch die Sporen weißbestäubt. STIEL 5–8 cm hoch, etwas heller rotbräunlich als der Hut und wie bereift erscheinend. FLEISCH blaß gelbrötlich, mit reichlichem, unveränderlich weißem, äußerst scharfem Milchsaft. VORKOMMEN: Von Juni bis November einer der häufigsten Milchlinge auf humusreichen sauren Böden vorwiegend in Nadelwäldern, in Kiefern- und Fichtenforsten oft Massenpilz. WERT: Wegen der scharfen Milch ungenießbar. ÄHNLICH sind mehrere andere rötlichbraune Milchlinge, die entweder nicht so scharfe, oder auf weißem Taschentuch nach gelb umschlagende Milch besitzen. Sie sind alle ungenießbar.

Wenn im Frühherbst die ersten Birkenblätter fallen, erscheint der BIRKEN-REIZKER. *Er sieht dem Blutreizker etwas ähnlich*

Der ROTBRAUNE MILCHLING *wächst oft massenhaft in Nadelwäldern, hier im Heidekiefernwald mit Rentierflechten und Rotstengelmoos*

Täublinge

Schon nach kurzer Zeit lernt der Sammler einen Pilz als Täubling *(Russula)* erkennen. Mit seinem gleichmäßig dicken, kräftigen und meist weißen Stiel, den weißen oder gelben Lamellen und den bunten Hutfarben bietet ein Täubling ein recht charakteristisches Bild. Wenn noch Zweifel herrschen, ist die spröde, brüchige und trockene Beschaffenheit des Fleisches, das sich auch im Stiel nicht auffasern läßt, ein sicheres Erkennungszeichen. Von den etwa 100 in Mitteleuropa heimischen Arten sind einige häufiger vorkommende unschwer unterscheidbar. Sie lohnen die Bekanntschaft durchaus, weil viele Arten ausgezeichnete Speisepilze sind.

Alle mild schmeckenden Täublinge sind ohne weiteres eßbar. Zur Geschmacksprobe kaut man ein Stückchen Lamellen vorn an der Zungenspitze, wo sich etwaige Schärfe rasch bemerkbar macht. Nun kann man natürlich nicht jeden Einzelpilz probieren, doch ist die Schmeckprobe wichtig zum ersten Kennenlernen bestimmter häufiger Arten, die man später an ihren übrigen Merkmalen wiedererkennt. Neben der Hutfarbe dient auch die Färbung des Sporenstaubes und meist auch der Lamellen zur Einteilung. Sie kann von Weiß über Buttergelb bis zu Ocker- und Dottergelb variieren und ist für die einzelnen Arten konstant. Von den wenigen hier abgebildeten Arten ist beispielsweise der Zinnobertäubling ein mild schmeckender Weißsporer, der Speitäubling ein scharfer Weißsporer, Goldtäubling und Brauner Ledertäubling sind milde Ockersporer.

Einige gute Speisepilze seien noch genannt. Sehr leicht kenntlich ist der Grünfeldertäubling, dessen blaßgrüne Haut später in eckige Platten zerreißt. Er ist meist selten, aber in einigen westdeutschen Buchenwaldgebieten häufig. Allgemein verbreitet im Buchenwald ist der Lilagrüne oder Frauentäubling, dessen Hutfarben zwischen Violett und Dunkelgrün schwanken, seine Lamellen sind ausnahmsweise nicht brüchig sondern weich und biegsam. Beide Pilze sind milde Weißsporer, ebenso wie der schmutzig-fleischrote Speisetäubling. Unter den milden Buttersporern sind der Orangerote Graustieltäubling und der glänzendrote Apfeltäubling wichtig für die Sammler in der Lüneburger Heide. Von den milden Ockersporern sind die Ledertäublinge, so genannt wegen der fensterledergelben Lamellenfarbe, wertvolle Bekanntschaften.

ZINNOBERTÄUBLINGE *gehören zu den schönsten Pilzen in sauren Buchenwäldern. In der Umgebung Waldhaarmoos und Haarsimse*

Zinnobertäubling *(Russula lepida)* ★

Mittelgroßer Täubling mit matt-zinnoberrotem Hut, gerötetem Stiel, weißem Sporenstaub und festem, fast mildem Fleisch.

HUT 5–10 cm breit, anfangs halbkugelig, dann flach bis niedergedrückt, mit ungestreiftem Rand, matt und trocken, oft rissig aufgesprungen, zinnober-blutrot bis rotorange, später verblassend. LAMELLEN weiß mit sahnegelblichem Ton, am Hutrand manchmal mit rotgefärbter Schneide. STIEL 4–6 cm hoch, fest und hart, teilweise oder ganz rot überlaufen. FLEISCH hart, weiß, mild, aber nach einigen Minuten Kauens schwach bitter, wie Bleistiftholz schmeckend. VORKOMMEN: Von Juli bis Herbst ein häufiger Charakterpilz bodensaurer Buchenwaldgesellschaften, auch auf besseren Böden und unter Eichen. WERT: Wegen des harten Fleisches und leicht bitteren Geschmacks kaum als Speisepilz zu empfehlen. ÄHNLICH sind mehrere andere rote Täublinge. Allerdings sind gerade die Arten mit den reinsten roten Farben meist ungenießbar. Nur blaßrötlich oder schmutzig-fleisch- bis braunrötlich ist der SPEISETÄUBLING mit weißen Lamellen, er wächst häufig auf sauren Böden unter Eichen und Buchen und ist ein guter Speisepilz.

Speitäubling *(Russula emetica)* o

Kleiner oder mittelgroßer Täubling mit leuchtend kirschrotem Hut, rein weißen Lamellen und weißem Stiel sowie brennend-scharfem Geschmack.

HUT 3–9 cm breit, meist schmierig-glänzend, mit abziehbarer Oberhaut, schön kirschrot, im Alter oder bei Regen ausblassend. LAMELLEN rein weiß. STIEL 4–8 cm, zerbrechlich, rein weiß. FLEISCH weiß, mit schwach obstartigem Geruch und äußerst scharfem Geschmack. VORKOMMEN: In vielen Unterarten und Formen in den verschiedensten Waldgesellschaften; die hier abgebildete kleine Form *silvestris* ist gemein auf sauren Böden oder dicken Humuslagen in Nadelwäldern; sehr ähnliche Formen wachsen im Buchenwald (Abbildung »Wolliger Milchling«, Seite 123). WERT: Galt als giftig und ist kaum genießbar, wird aber trotzdem gelegentlich gesammelt. VERWANDTE: Als »Speitäublinge« bezeichnet man im Volksmund meist alle scharfen Täublinge mit roten Hutfarben, etwa den unter Kiefern wachsenden BLUTTÄUBLING und andere.

Goldtäubling *(Russula aurata)* ★★

Mittelgroßer Täubling mit fliegenpilzrotem oder goldgelbem Hut, lebhaft goldgelben Lamellenschneiden und gelbgetöntem Stiel sowie mit mildem Fleisch, auf Kalkboden.

HUT 5–10 cm breit, anfangs gewölbt, dann ausgebreitet-vertieft, auf goldgelbem Untergrund teilweise oder ganz blutrot gefärbt. LAMELLEN anfangs blaß, aber mit zitronengelber bis goldgelber Schneide, nach der Sporenreife noch kräftiger gelb. STIEL 3–8 cm hoch, auf weißem Grund teilweise oder ganz zitronengelb überlaufen. FLEISCH weißlich, unter der Huthaut gelb, völlig mild. VORKOMMEN: Vom Hochsommer bis Herbst vor allem in Laubwaldgesellschaften auf kalkhaltigem Boden, im Gebirge auch im Fichtenwald über Kalkgestein, zerstreut. WERT: Guter Speisepilz. VERWECHSLUNG: Von ungenießbaren Täublingen ist die Art leicht durch Abschmecken zu unterscheiden. VERWANDT: Ebenfalls in Wäldern auf Kalkboden wächst häufig der große Rotstielige Ledertäubling (siehe unter Brauner Ledertäubling Seite 134).

SPEITÄUBLINGE *im lichten Kiefernwald mit Heidekraut und Moosen*

GOLDTÄUBLINGE *unter Haselbüschen auf kalkreichem Boden. Die chromgelbe Farbe von Lamellen und Stiel ist ein gutes Artkennzeichen*

Ockertäubling *(Russula ochroleuca)* ★

Ein mittelgroßer gelber Täubling mit weißem Stiel und weißen Lamellen und etwas scharfem Geschmack (Zitronentäubling).

Hut 6–9 cm breit, gewölbt bis ausgebreitet und zuletzt niedergedrückt, glatt, etwas klebrig, ockergelb, im Spätherbst schmutzig graugelb-olivgrünlich. Lamellen weißlich. Stiel 4–6 cm hoch, weiß oder etwas gelblich, im Alter schwach grau werdend. Fleisch zerbrechlich, weiß, in der Stielrinde zuletzt grau, fast mild, mit scharfem Nachgeschmack. Vorkommen: Vom Juli bis November einer der gemeinsten Täublinge vor allem in Nadelforsten über sauren, humusreichen Böden, auch im sauren Buchenwald. Wert: Höchstens in geringer Zahl als Mischpilz verwendbar. Ähnlich sind andere gelbe Täublinge: im Buchenwald der blaß ledergelbliche, äußerst scharf schmeckende Gallentäubling mit süßlich-obstartigem Geruch und der kleine Gelbe Täubling mit orangegelben Lamellen und mildem Fleisch, unter Birken auf Moorboden der sattgelbe Moortäubling mit mildem, grauendem Fleisch.

Brauner Ledertäubling *(Russula integra)* ★★★

Mittelgroßer Täubling in Nadelwäldern mit rotbraun-braungelbem Hut, ockergelben Lamellen und mildem Geschmack.

Hut 8–12 cm breit, erst gewölbt, bald flach und in der Mitte eingetieft, glänzend, bei feuchtem Wetter klebrig, purpurbraun, gelbbraun oder olivbraun, in der Mitte aufhellend. Lamellen anfangs blaßgelb, später butter- bis ockergelb. Stiel weiß. Fleisch weißlich, mit mildem, angenehm mandel- oder nußartigem Geschmack. Vorkommen: Von Juli bis Oktober in Nadelwäldern, besonders in Gebirgsfichtenwäldern, gern, aber nicht immer auf kalkhaltigem Boden, in manchen Gegenden häufig, in Norddeutschland meist fehlend. Wert: Ausgezeichneter Speisepilz. Verwandt ist der Rotstielige Ledertäubling, in Laub- und Nadelwäldern auf Kalkboden oft sehr häufig, einer der größten Täublinge, kenntlich am matten, meist in der Mitte olivgrüngelben, am Rande unrein purpurrötlichen, oft konzentrisch-querwelligen Hut und am dicken, oben schön geröteten Stiel, ein sehr wertvoller, ergiebiger Speisepilz.

OCKERTÄUBLINGE *unter Birken im herbstlichen Heidewald. Vorn Waldhaarmoos, Weißmoos und Heidekraut als Anzeiger sauren Bodens*

Der BRAUNE LEDERTÄUBLING *ist ein Bewohner von Fichtenwäldern im Gebirge. Auf dem rotbraunen Hut sind Nadeln festgeklebt*

Pfifferlinge und Trompeten

Die Pfifferlinge *(Cantharellus)* haben auf der Unterseite ihres kreisel- oder trompetenförmigen Fruchtkörpers dicke, meist niedrige und mehrfach gegabelte Leisten, die bei den nah verwandten Trompeten fast ganz fehlen. Der Hut geht ohne Übergang in den Stiel über. Sie gehören zur Familie der Leistenpilze und sind mit den Lamellenpilzen nicht verwandt.

Zu den Leistenpilzen zählen nur wenige Arten, die indessen für den Pilzsammler von besonderem Interesse sind. An der Spitze steht unser allbekannter Pfifferling, vielleicht der am leichtesten kenntliche Speisepilz und wegen seines spezifischen Aromas überaus beliebt. Leider wird er in vielen Gegenden, besonders im Einzugsgebiet der Großstädte, schon selten. Wenn alle Pfifferlingsstellen regelmäßig abgeerntet werden, kann der Pilz keine Sporen mehr bilden und verschwindet allmählich. Er ist fast nie madig und sehr haltbar und verträgt daher den Transport auch auf entfernte Märkte. Im Nadelwald sind die Pfifferlinge – wie die hier abgebildete häufigste Form – meist ziemlich klein und lebhaft goldgelb. In Laubwäldern kommen oft viel blassere, fast weiße, sehr üppige Formen vor.

Weniger bekannt als Speisepilz ist der Trompetenpfifferling, nicht so wertvoll wie der gelbe Vetter und mit anderem Geschmack, aber doch ein recht brauchbarer Speisepilz. Wenn man im Moospolster dichter Wälder erst einige gefunden hat, lohnt es sich zu verweilen und sich genau umzusehen: wie durch Zauberschlag sieht man sich auf einmal von ungezählten Trupps der unauffällig düsterbraunen, gut getarnten Pilze umgeben, von denen man zunächst nichts gesehen hatte. Von oben ähnlich ist der obstartig duftende Goldstielige Pfifferling, der an feuchteren Stellen in Gebirgsnadelwäldern vorkommt. Unterseits ist er schön rotgelb gefärbt. In ähnlich riesigen Herden trifft man bisweilen die eigenartige Herbst- oder Totentrompete in Laubwäldern auf besseren Bodenarten. Sie wird von den Pilzsammlern sehr geschätzt. In Gebirgsnadelwäldern auf kalkhaltigem Boden wächst das Schweinsohr *(Gomphus)*, ein eßbarer Leistenpilz von ungewöhnlichem Aussehen. Es ist dickfleischiger und größer als die Pfifferlinge, keulen-, kreisel-, trichter- oder löffelförmig, auf der Oberseite anfangs violett, dann ockergelblich, ähnlich gefärbt auf der aderig-runzligen Unterseite. Es wächst gebüschelt und in Reihen.

PFIFFERLINGE *sind gesellige Pilze und wachsen gern scharenweise in Moospolstern*

Pfifferling *(Cantharellus cibarius)* ★★★

Mittelgroßer eigelber Pilz von kreiselförmiger Gestalt mit gegabelten Leisten und mit Duft wie Aprikosen.

HUT 2–8 cm breit, dickfleischig, anfangs gewölbt, schließlich ausgebreitet bis trichterförmig, mit verbogenem, eingerolltem Rand, dottergelb oder blaßgelb. LEISTEN der Unterseite gabelig verzweigt, am Stiel herabziehend, dottergelb. STIEL 2–6 cm hoch, wie der Hut gefärbt. FLEISCH dick, weiß, mit starkem, angenehmem, an Aprikosen erinnerndem Duft; Geschmack der rohen Pilze etwas pfeffrig (daher der Name). VORKOMMEN: Von Juni bis Oktober verbreitet und meist häufig in den verschiedensten Laub- und Nadelwäldern, meist, aber nicht immer, auf saurem Untergrund. WERT: Vorzüglicher Speisepilz, äußerst gesucht, marktfähig, nur als Trockenpilz nicht geeignet, weil er dann bitter wird. VERWECHSLUNG ist möglich mit dem FALSCHEN PFIFFERLING oder GABELBLÄTTLING, einem Lamellenpilz mit dünnen, orangefarbenen Lamellen und gelbem, lederig-dünnem Fleisch. Er wächst häufig in Nadelwäldern und galt früher mit Unrecht als giftig, ist aber völlig geschmacklos. ANDERE NAMEN: Eierschwamm, Rehling, Rehfüßchen, Recherl.

Trompetenpfifferling *(Cantharellus tubaeformis)* **

Ziemlich kleiner kreiselförmiger Pilz mit braunem oder gelbgrauem, genabeltem Hut, gelbgrauen Leisten und gelbem Stiel.

HUT 2–5 cm breit, gewölbt mit verbogenem Rand, in der Mitte flach genabelt oder bis in den Stiel durchbohrt, rußfarben-bräunlich oder gelblich braungrau. LEISTEN niedrig, gegabelt, gelbgrau oder grau. STIEL glatt, oft grubig oder flachgedrückt, bis 7 cm lang, unten gelb. FLEISCH dünn, mit aromatischem Geruch und etwas bitterem Geschmack. VORKOMMEN: Nicht seltener Herbst- und Spätherbstpilz auf allen Böden, besonders an moosreichen Stellen der Nadelwälder herdenweise, auch im Laubwald oder auf morschen Stümpfen. WERT: Recht guter, wegen des geselligen Vorkommens dankbarer Speisepilz, zu empfehlen als Beilage zu Fleischgerichten. VERWANDT ist der GOLDSTIELIGE oder DUFTENDE PFIFFERLING oder LEISTLING, oberseits ähnlich aussehend, aber mit nur schwach runzliger, orangefarbener Unterseite und goldgelbem Stiel, in feuchtem Gebirgsfichtenwald auf Kalkgestein, gleichfalls eßbar.

Herbsttrompete *(Cantharellus cornucopioides)* **

Mittelgroßer, düster gefärbter, dünnfleischiger, hohler Pilz von bezeichnender Trompetengestalt.

HUT 2–6 cm breit, fast hautartig dünnfleischig, tief getrichtert in den hohlen Stiel hinein, mit umgebogenem, unregelmäßig gewelltem Rand, Oberseite in trockenem Zustand braungrau, feucht fast schwarz. UNTERSEITE fast glatt, etwas längsrunzlig, grau, wie bereift. STIEL kaum abgesetzt, hohl, unten besonders in feuchtem Zustand schwarz. FLEISCH sehr dünn, mit schwachem, aromatischem Geruch. VORKOMMEN: Vom Spätsommer bis Oktober büschelweise und in großen Herden in Laubwäldern auf mäßig sauren bis neutralen Böden, besonders in Eichen-Hainbuchenwäldern und Buchenwäldern. WERT: Guter Speisepilz, auch zum Trocknen geeignet. ÄHNLICH ist der GANZGRAUE PFIFFERLING, oben fast genauso aussehend, unten aber mit gegabelten Leisten, stark nach Mirabellen duftend, auf Kalkboden, ferner die viel kleinere gelbgraue KRAUSE TROMPETE, beide eßbar. ANDERE NAMEN: Totentrompete, Füllhorn.

TROMPETENPFIFFERLINGE *im Kiefernforst mit Wacholderhaarmoos und Besenmoos. Am liegenden Pilz sieht man die gegabelten Leisten*

Die düsteren Trupps der HERBSTTROMPETEN *sind am Boden des Buchenwaldes nur schwer zu entdecken*

Korallen- und Keulenpilze

Die vielästigen Korallenpilze sind auffallende, bizarre Pilzgestalten, die im Volksmund mit phantasievollen Namen belegt wurden: Ziegenbärte, Bärentatzen, Hahnenkämme, Hühnerkrallen, Händlinge und manche andere. Sie haben einen in viele aufrechtstehende Äste verzweigten Fruchtkörper. Die meisten Arten wachsen auf dem Waldboden, zum Teil auch an faulendem Holz oder außerhalb des Waldes. Den Pilzsammler interessieren einige der größeren Arten, die von alters her als Speisepilze geschätzt sind *(Ramaria)*. Doch muß man sich auf die rein gelben Arten oder die weißen mit roten Spitzen beschränken, denn unter den grauen, bräunlichen oder rötlichen Korallen gibt es einige Giftpilze. Sie verursachen nach dem Verzehr heftige und anhaltende Darmstörungen und haben daher den Namen »Bauchwehkorallen« erhalten. Die großen Korallen wachsen in Laub- oder Nadelwäldern vorzugsweise auf kalkhaltigem Boden und sind daher nicht überall zu Hause.
Mit gelben Korallen wird häufig der kleine Klebrige Hörnling *(Calocera)* verwechselt, der auf Nadelholzstümpfen wächst. Manche Pilzsucher haben ihn ihr Leben lang als Korallenpilz gesammelt und verzehrt, ohne Schaden, denn der Hörnling ist zwar zäh und unverdaulich, aber harmlos. Er gehört in die Verwandtschaft der Gallerttränenpilze und ist mit den Korallen überhaupt nicht verwandt.
Eine Sonderform der Korallenpilze stellt die bei den Sammlern berühmte Krause Glucke dar, bei ihr sind die Äste flachgedrückt und wellig verbogen, so daß ein rundlich-wirres, an einen Badeschwamm erinnerndes Gebilde entsteht.
Verwandt mit den Korallen sind die Keulenpilze. Am größten ist die ockergelbliche, bis 15 cm hohe Herkuleskeule, sie gleicht einer plumpen, auf schmalem Stiel senkrecht stehenden Holzkeule. Der merkwürdige Pilz wächst scharenweise besonders in Kalkbuchenwäldern und ist in jungem Zustand als Mischpilz verwendbar. Ähnlich, aber kleiner ist die Zungenkeule, die nur 5–8 cm hoch wird und in Gebirgsfichtenwäldern bisweilen in eindrucksvollen Herden den Waldboden weithin bedeckt (siehe Abbildung Seite 35). Es gibt noch viele kleinere, oft weiße oder hübsch gelbe Keulenpilze, von Kleinfingergröße bis hinab zu den millimeterdünnen Fadenkeulchen, die auf verwesenden Blättern wachsen.

KRAUSE GLUCKE *am Fuß einer Kiefer. Am Boden wachsen Preisel- und Heidelbeere, Maiglöckchen und Drahtschmiele*

Krause Glucke *(Sparassis crispa)* ★★

Rundlicher, an einen Blumenkohl oder Badeschwamm erinnernder großer Pilz von gelblicher Farbe mit blattartig verflachten Ästen, an Kiefernstämmen.

FRUCHTKÖRPER: Von einem kurzen und dicken, im Boden sitzenden Stamm gehen zahlreiche Äste mit blattartig verbreiterten Zweigen aus, diese sind am Ende abgestumpft, buchtig-gelappt und wellig verbogen, so daß der ganze Pilz ein krauses, wirres Aussehen erhält. Die Farbe ist anfangs blaßgelblich, dann hellocker, zuletzt bräunlich. FLEISCH zerbrechlich, mit würzigem Geruch und nußartigem Geschmack. VORKOMMEN: Von Juli bis Oktober einzeln an lebenden, älteren Kiefernstämmen, an deren Wurzeln sie schmarotzt, auch an frischen Stümpfen. Die Fruchtkörper wachsen nahe beim Stamm auf dem Erdboden. In Deutschland verbreitet. WERT: Junge Pilze sind gesuchte, gebraten recht wohlschmeckende Speisepilze. VERWECHSLUNG: Der Pilz wird bisweilen mit dem KLAPPERSCHWAMM verwechselt, dessen gelbgraue, spatelförmige Hüte unten Poren besitzen. Er gehört zu den Porlingen, wächst im Herbst am Grunde alter Eichen und ist kaum genießbar.

Goldgelbe Koralle *(Ramaria aurea)* ★

Strauchförmig verzweigter Pilz von gold- oder hellgelber Farbe, in Nadel- und Laubwäldern auf Kalkboden.

FRUCHTKÖRPER 8–15 cm hoch und bis etwa 25 cm breit, mit kurzem dickem, weißlich-gelblichem Stiel, von dem sehr dicht stehende, reichlich verzweigte Äste mit stumpfen oder zweizähnigen Spitzen ausgehen. Die Farbe ist im Nadelwald schön orangegelb, bei Laubwaldformen blasser gelb, zuletzt ockergelblich werdend. FLEISCH ziemlich fest, weiß, mild, im Alter an den Spitzen bitter schmeckend. VORKOMMEN: Zerstreut, aber örtlich häufig, meist in kleinen Herden, von August bis Oktober besonders in Fichten- und Buchenwäldern auf kalkhaltigem Boden. WERT: Jung eßbar, alt unbekömmlich. VERWECHSLUNG ist möglich mit der giftigen Schönen Koralle (siehe unten!) und dem Klebrigen Hörnling (Seite 144). ÄHNLICH und fast ebenso, aber heller schwefelgelb ist die ZITRONENGELBE KORALLE, die am weißen Strunk weinrote Flecken bekommt, sie ist eßbar. ANDERER NAME: Goldgelber Ziegenbart.

Schöne Koralle *(Ramaria formosa)* †

Der vorigen Art ähnlicher Korallenpilz, aber mit rosagelblichen Ästen und zitronengelben Spitzen.

FRUCHTKÖRPER in Gestalt und Größe den gelben Korallen ähnlich. Von einem dicken, niedrigen weißen Strunk gehen engstehende, gegabelte Äste von anfangs blaß fleischrötlicher, dann rosa-orange oder rosa-gelblicher Farbe aus, deren Spitzen kurz vor der Sporenreife schön zitronengelb werden, wodurch der Pilz dreifarbig wirkt. Im Alter wird er durch die Sporen ockergelblich gefärbt und ist dann kaum von anderen Arten unterscheidbar. VORKOMMEN: Vom Hochsommer bis Herbst truppweise meist in Kalkbuchenwäldern, zerstreut. WERT: Unbekömmlich, wirkt nach französischen Angaben als »mildes Abführmittel«. VERWANDT ist die heftiger wirkende gelbgraue, an den Zweigspitzen violettliche BLASSE KORALLE. Eßbar ist dagegen der weißliche, an den Spitzen rötliche HAHNENKAMM oder RÖTLICHE ZIEGENBART, der beste der eßbaren Korallenpilze. ANDERER NAME: Dreifarbige Koralle.

GOLDGELBE KORALLE *auf sonniger Lichtung im Nadelwald*

In Buchenwäldern auf kalkhaltigem Boden wächst die SCHÖNE KORALLE – *zur Freude für das Auge, nicht für den Magen*

Klebriger Hörnling *(Calocera viscosa)* o

Einem kleinen Korallenpilz oder Ziegenbart ähnlich, aber zähfleischig und klebrig, auf Nadelholzstümpfen wachsend.

FRUCHTKÖRPER 3–6 cm hoch, aus einem Strunk einfach oder mehrfach gegabelt, die Zweigenden finger- oder zahnförmig zugespitzt, elastisch und biegsam, nicht zerbrechlich wie die Ziegenbärte. Das Pilzchen ist oft so schlüpfrig, dazu mit dem wurzelartigen Stiel so tief im Holz sitzend, daß man es oft kaum abreißen kann. Die Farbe ist gleichmäßig schön orangegelb. VORKOMMEN: Vom Sommer bis zum Spätherbst sehr häufig auf verwesenden, oft noch auf sehr morschen Stümpfen von Kiefern, Fichten und anderen Nadelhölzern, meist einzeln. WERT: Völlig geschmacklos und unverdaulich, aber unschädlich, daher bleibt die oft vorkommende Verwechslung mit Ziegenbärten ohne böse Folgen. VERWANDT ist der nur zentimeterhohe LAUBHOLZHÖRNLING, den man oft scharenweise auf feuchtem, moderndem Laubholz antrifft. Die Hörnlinge sind mit den Korallenpilzen nicht verwandt. ANDERER NAME: Schönhorn.

Schafporling *(Scutiger ovinus)* ★★

Mittelgroßer weißlicher, fleischiger Hutpilz der Nadelwälder, auf der Unterseite mit feinen weißen, gilbenden Poren.

HUT 6–10 cm breit, gewölbt, mit verbogenem Rand, glatt, zuletzt oft gefeldert-schuppig aufgerissen, weißlich oder sehr hell graugelblich oder blaßbräunlich. STIEL meist mittelständig, dick, nur 3–5 cm hoch, fleischig, oft gekrümmt. RÖHREN sehr kurz, mit engen weißen, zuletzt gelblichen Mündungen. Hut, Röhren und Stiel können zitronengelbe Flecken bekommen. FLEISCH rein weiß, dick, zerbrechlich, etwas bitter schmeckend. VORKOMMEN: Von August bis Oktober gesellig in Nadelwäldern, besonders sandigen Kiefernwäldern und Gebirgsfichtenwäldern, in Nordwestdeutschland selten oder fehlend. WERT: Guter Speisepilz, besonders für Pilzfrikadellen geeignet. ÄHNLICH ist der SEMMELPORLING mit mehreren dachziegeligverwachsenen rötlichgelben Hüten, an ähnlichen Stellen wie der Schafporling, aber meist bitter, kaum genießbar. ANDERER NAME: Schafeuter.

Der KLEBRIGE HÖRNLING, *ein Doppelgänger der Ziegenbärte, auf einem morschen Fichtenstumpf mit Moosen und Flechten*

SCHAFPORLINGE *im Nadelwald mit Stockwerkmoos, Preiselbeeren und Siebenstern*

Porlinge und Stachelpilze

Es gibt kaum einen toten Baumstamm oder vermorschenden Stumpf, der nicht früher oder später von irgendwelchen Porlingen besiedelt wird. Bis auf wenige bodenbewohnende Arten gehören sie zu den holzverzehrenden Pilzen, die zusammen mit Arten aus anderen Gruppen für den Abbau toten Holzes im Walde sorgen und damit eine wichtige Rolle im Haushalt der Natur spielen. Der Pilzsammler findet sie auf Nadelholz- und Laubholzstubben, wenn er Hallimasch oder Stockschwämmchen sucht, für ihn sind sie wegen ihrer lederig-zähen, korkigen oder gar holzharten Konsistenz ohne besonderes Interesse. Manche Porlinge sind kurzlebig, andere aber werden viele Jahre alt und setzen in jeder Wachstumsperiode eine neue Schicht von Röhren unter die vorjährige, wobei sich auf der Oberseite eine ringförmige Zuwachszone abzeichnet. Der bekannteste dieser mehrjährigen, sehr harten Porlinge ist der Zunderschwamm, der in manchen Gegenden Deutschlands noch häufig an älteren oder beschädigten Buchen lebt, die er angreift und rasch zersetzt. Die Bäume brechen schließlich zusammen, die Schwämme wachsen am abgebrochenen Stamm noch viele Jahre weiter. Vor der Erfindung der Streichhölzer war der Zunderschwamm wichtig zur Feuerbereitung. Aus dem zähen »Fleisch« des Pilzes schnitt man den Zunder in dünne Läppchen, die, mit Salpeterlösung getränkt, durch einen mit Stahl und Feuerstein erzeugten Funken leicht ins Glimmen geraten.
Eßbar sind nur wenige weichfleischige Porlinge, von den holzbewohnenden Arten vor allem der Schwefelporling, unter den wenigen bodenbewohnenden Arten der Schafporling.
Als Stachelpilze bezeichnet man hutförmige, fleischige oder korkige Pilze, die auf ihrer Unterseite senkrecht herabhängende kleine Stacheln tragen. Sie gehören zu verschiedenen Verwandtschaftsgruppen. Die meisten Arten wachsen auf dem Waldboden, unter ihnen die lederig-zähen Korkstachelinge, von denen einige hübsche rötliche, orange oder blaue Farben haben. Zu Speisezwecken kommen im wesentlichen nur die beiden hier abgebildeten weichfleischigen Arten, der Semmelstoppelpilz und der Habichtspilz, in Frage. An morschem Holz leben die großen weißen, vielästigen Stachelbärte. Ein winziger dunkelbrauner Stachelpilz, der Ohrlöffel, lebt ausschließlich auf am Boden liegenden Kiefernzapfen.

Junge SCHWEFELPORLINGE *am Fuß einer alten Eiche. Die lebhaft gefärbten Pilze fallen schon von weitem auf*

Schwefelporling *(Laetiporus sulphureus)* ★

Unverwechselbarer großer, aus vielen sich dachziegelartig überlagernden Hüten bestehender Pilz von rotgelber oder gelber Farbe, an lebenden Laubholzstämmen wachsend.

HÜTE anfangs knollig-rundlich aus der Baumrinde hervorbrechend, später sich fächerförmig ausbreitend und flach vorgestreckt, bis 30 cm lang und breit werdend, oberseits gelblichrot, am Rande gelb, auf der Unterseite mit leuchtend schwefelgelben, sehr feinen Poren. Alt ist der Pilz weißlich und bröckelig. FLEISCH faserig, anfangs sehr saftreich, gelblich, später entfärbend und vertrocknend. VORKOMMEN: Ziemlich häufig schon vom Mai an bis zum Herbst parasitisch an lebenden Laubbäumen, besonders an Pflaumen, Eichen, Weiden und Pappeln, gern an Straßenbäumen, Parks und Waldrändern. Wird als Schmarotzer besonders an alten Eichen sehr schädlich, deren Kernholz er in eine rotbraune, weiche Masse verwandelt. WERT: Er kann nach folgendem Rezept verwendet werden: ganz junge Pilze in dünne Scheiben schneiden, auswässern oder abkochen, abtrocknen, salzen, panieren und in Fett knusprig braten (»Karbonaden- oder Kotelettpilz«).

Semmelstoppelpilz *(Hydnum repandum)* ★

Mittelgroßer fleischiger Hutpilz von blaßgelber bis gelbroter Farbe, unten mit weichen, leicht abbrechenden Stacheln.

HUT 5–12 cm breit, unregelmäßig gewölbt und verbogen, am Rande umgerollt, veränderlich: meist hell ockergelblich (ähnlich Brötchen oder Semmeln), aber auch fast weißlich oder in einer kleineren Form auch orangerötlich. STACHELN anfangs hell, dann mehr gelblich, dichtstehend und kurz, sehr leicht abbrechend. STIEL mittelständig oder oft etwas exzentrisch, heller als der Hut. FLEISCH weiß, zerbrechlich, fast immer mit etwas pfeffrig-brennendem Geschmack, im Alter meist bitter. VORKOMMEN: Von Juli bis Oktober häufig meist in Laubwaldgesellschaften auf sauren Bodenarten, besonders unter Buchen, aber auch im Nadelwald. WERT: In jungem Zustand brauchbarer Speisepilz, wenn sich auch der schärflich-bittere Geschmack nicht ganz verliert, bittere Exemplare sind durch Abschmecken auszuscheiden. VERWECHSLUNG: Pfifferlinge sehen von oben oft sehr ähnlich aus. ANDERER NAME: Semmelpilz.

Habichtspilz *(Sarcodon imbricatum)* ★

Mittelgroßer bis großer Hutpilz mit braunem, grobschuppigem Hut und grauen Stacheln auf der Unterseite.

HUT 6–20 cm breit, erst gewölbt, dann ausgebreitet und in der Mitte vertieft, oft mit etwas wellig gebogenem Rand, auf braunem Untergrund mit großen, kreisförmig angeordneten und in der Hutmitte aufgebogenen schwarzbraunen Schuppen. STACHELN bis 1 cm lang, dichtstehend, hellgrau, dann braun werdend. STIEL kurz und kräftig, blaß graubräunlich. FLEISCH weißlich, fest, würzig riechend, anfangs etwas, beim alten Pilz stärker bitter schmeckend. VORKOMMEN: Nadelwaldpilz, von August bis Oktober in Gebirgsfichtenwäldern oder sandigen Kiefernwäldern, auf sauren bis neutralen Böden, oft in Hexenringen, gebietsweise fehlend. WERT: Jung brauchbarer Speisepilz, der aber nicht jedem zusagt, alte Pilze ungenießbar. VERWECHSLUNG: Es gibt ähnliche, sehr bittere Arten, die meist schwärzlichen Stielgrund und weniger grobschuppigen Hut haben. ANDERE NAMEN: Rehpilz, Rehfellchen.

SEMMELSTOPPELPILZE *im Buchenwald. Die Unterseite zeigt die feinen Stacheln oder Stoppeln*

HABICHTSPILZ *im Bergnadelwald mit Leberblümchen und Sauerklee. Sein schuppiger Hut gleicht einem Raubvogelgefieder*

Boviste und ihre Verwandtschaft

Die Boviste oder Stäublinge gehören zu den Bauchpilzen; ihre Sporen bilden sich im Innern des kugel- oder birnenförmigen Fruchtkörpers. Bei der Reife trocknen sie aus und werden federleicht, beim Flaschen-, Birnen- und Eierbovist reißt am Scheitel ein Loch auf. Drückt man auf die Seiten, so entweicht eine Wolke gelbbraunen Sporenstaubes, als wenn ein kleiner Vulkan ausbräche. Im Freien geschieht das Sporenausschleudern durch den Druck aufschlagender Regentropfen. Beim wie eine Mörserkeule geformten, bis 15 cm hohen Beutelbovist, bei dem bis kinderkopfgroßen Hasenbovist und beim noch größeren Riesenbovist löst sich zur Sporenreife der ganze, die Sporenmasse enthaltende Oberteil auf. Alle diese Weichboviste *(Lycoperdaceae)* sind eßbar, solange sie noch jung sind.

Giftig ist der dickschalige Kartoffelbovist, der mit wenigen ähnlichen Arten zu den Hartbovisten *(Sclerodermataceae)* gehört. Sein Inneres färbt sich bald schwärzlich.

Eigenartige Bauchpilze sind die Erdsterne *(Geastrum)*. Sie haben zwei Hüllen, deren äußere sternförmig aufreißt und nach außen umrollt. In der Mitte dieses Sternes sitzt eine Art kleiner runder Bovist, der sich zur Zeit der Sporenreife oben öffnet (siehe Abbildung Seite 45). Erdsterne wachsen scharenweise in Nadel- und Laubwäldern auf kalkhaltigem Boden, sie sind nicht eßbar und verdienen als seltene Merkwürdigkeiten der Pilzwelt besondere Schonung.

Zu den Bauchpilzen zählt man auch die allbekannte Stinkmorchel, deren süßlich-aasartiger Geruch im Walde oft schon auf große Entfernung wahrzunehmen ist. Sie lockt damit Aasfliegen und Käfer an, die ihre olivbraun-schleimige Sporenmasse eifrig schlecken und die Sporen verbreiten. Zuletzt kommt der wabig-grubige, an eine Morchel erinnernde Hut zum Vorschein (siehe Abbildung Seite 43). Anfangs steckt der ganze Pilz im rundlichen, schweren »Hexenei«, das durch eine unter der Oberhaut liegende gelbe Gallertschicht vor Austrocknung geschützt ist. Es ist geruchlos und wird von manchen leidenschaftlichen Pilzessern verzehrt. Ein äußerst merkwürdiger Verwandter der Stinkmorchel, der Tintenfischpilz, kam vor kurzem aus Frankreich nach Südwestdeutschland. Aus seinem Hexenei schlüpfen 5–7 rote, seesternartig ausgebreitete Arme, auf deren Innenseite die Sporenmasse sitzt.

FLASCHENBOVISTE *im Grase am Waldrand. Die anfangs weißen Pilze beginnen sich bräunlich zu färben*

Flaschenbovist *(Lycoperdon perlatum)* *

Mittelgroßer, keulenförmig-dicker weißer Stäubling mit kurzen kegelförmigen Stacheln und niedrigeren Warzen.

FRUCHTKÖRPER 3–8 cm hoch, umgekehrt flaschenförmig, anfangs weiß, im Alter rötlichbraun bis braun werdend, Oberfläche mit kegelförmigen Stacheln besetzt, um die jeweils ein Kranz niedrigerer Warzen steht. FLEISCH anfangs rein weiß, später wird der sporenerzeugende Kopfteil innen breiig olivgelb, dann trocken und olivbraun, am Scheitel entsteht eine Öffnung. VORKOMMEN: Vom Sommer bis Spätherbst häufig und gesellig in Wäldern aller Art. WERT: Junge Flaschenboviste sind eßbar, solange das Fleisch noch fest und weiß ist und sich brechen läßt. ÄHNLICH ist der büschelig auf Laubholzstümpfen wachsende bräunliche, glatte BIRNENBOVIST mit wurzelartigen Myzelsträngen am Stiel, gleichfalls jung genießbar, ebenso der viel größere BEUTELBOVIST mit zylindrisch-hohem Stiel und abgeflacht-kugeligem Kopf. Keinen Stiel hat der rundliche, 3 bis 6 cm breite EIERBOVIST, der auf Viehweiden, Rasenflächen oder Brachäckern wächst, gern zusammen mit dem Wiesenchampignon. Er ist eßbar.

Igelbovist *(Lycoperdon echinatum)* o

Kleiner bis mittelgroßer, an seinen langen braunen Stacheln leicht kenntlicher Bovist.

FRUCHTKÖRPER 2–5 cm im Durchmesser und bis 6 cm hoch, anfangs kugelig, dann umgekehrt birnenförmig, unten stielförmig zusammengezogen und mit anhaftenden weißen Myzelsträngen. Außenseite dicht besetzt mit 2–4 mm langen, gruppenweise stehenden braunen Stacheln, deren Spitzen zueinander geneigt sind. Nach Abfallen der Stacheln im Alter bleibt ein brauner, filzig-körniger Überzug zurück. Junge Pilze sind innen weiß. Der reife Fruchtkörper öffnet sich am Scheitel mit einem Loch, durch das der schokoladenbraune Sporenstaub austreten kann. VORKOMMEN: Vom Hochsommer bis zum Oktober nicht selten vor allem in Buchenwäldern auf Kalkboden. Die gern in Gruppen beieinanderstehenden Pilze gleichen kleinen Igelfamilien. WERT: Kommt als Speisepilz kaum in Frage. ÄHNLICH sind einige andere braune Boviste, die aber nur warzig, kurzstachelig oder ganz glatt sind.

Kartoffelbovist *(Scleroderma aurantium)* †

Mittelgroßer knollenförmiger Bovist mit dicker, harter, gelbbräunlicher Außenhaut und bald schwärzlichem Fleisch.

FRUCHTKÖRPER in Größe und Gestalt einer Kartoffel ähnlich, 4 bis 8 cm breit, oft etwas flachgedrückt, unten wurzelartig zusammengezogen. Außenhaut etwa 2–3 mm dick, lederartig, an der Oberfläche in dunklere Felder zerrissen, schmutzig gelblich oder bräunlich. Ganzer Pilz fest und schwer, innen nur in ganz jungem Zustand weißlich, bald schiefergrau bis violettschwarz oder schwarz. Zuletzt platzt die Oberhaut unregelmäßig auf und gibt die olivbräunliche, klumpige Sporenmasse frei. VORKOMMEN: Von Juni bis Spätherbst häufig in Nadel- und Laubwaldgesellschaften auf sauren Bodenarten, gemein in norddeutschen Eichen-Birken- und Kiefernwäldern und Heiden, auf Kalkboden fehlend. GIFTGEHALT: Er verursacht Erbrechen, Übelkeit und Schwindelgefühl und ist unbedingt zu meiden. ÄHNLICH ist der auf einem stielartigen Strunk sitzende DÜNNSCHALIGE HARTBOVIST mit im Schnitt rötender Haut; giftig.

IGELBOVIST *im Fallaub des Kalkbuchenwaldes, daneben die Blätter des Waldveilchens*

KARTOFFELBOVIST *im Kiefernforst. Beim Zerschneiden erkennt man die dicke Schale und die violettschwarze Innenmasse*

Morcheln, Lorcheln und Verwandte

Zu den größeren Schlauchpilzen gehören die Morcheln, die ihnen ähnlichen Lorcheln, die Becherpilze und die Trüffeln. Die Morcheln *(Morchella)* üben auf den Pilzfreund eine große Anziehungskraft aus, vor allem die Speisemorchel, die im Frühling an günstigen Stellen nesterweise wachsen kann. Ebenso wertvoll sind die Spitzmorchel und die ihr ähnliche Hohe Morchel, die Riesenformen bis 30 cm Höhe ausbilden kann. Es wird empfohlen, nicht zu viel Morcheln auf einmal zu essen und die Pilze etwa 5 Minuten lang mit heißem Wasser, das fortgeschüttet wird, zu überbrühen, da sie vorübergehendes Unwohlsein hervorrufen können.

Unter den Lorcheln *(Gyromitra, Helvella)* erfreut sich die Frühlorchel als »Speiselorchel« in manchen Gegenden großer Beliebtheit, ist aber in ihrer Wirkung auf den Körper sehr unberechenbar und kann sogar noch nach vorschriftsmäßiger Vorbehandlung Vergiftungen hervorrufen. Auch den übrigen größeren Lorchelarten ist nicht recht zu trauen; Vorbehandlung durch Abbrühen sollte sicherheitshalber erfolgen.

Form- und farbenschöne Pilzgebilde sind die Becherlinge *(Peziza* u. a.). Sie wachsen gern auf nacktem, lehmig-tonigem Boden, andere Arten auf Holz oder an Brand- und Feuerstellen. Auch unter ihnen gibt es einen Giftpilz, den recht großen und dickfleischigen Kronenbecherling. Anfangs bildet er eine im Boden steckende Hohlkugel, die bald sternförmig aufreißt und die schön violett gefärbte Innenseite freigibt. Der Pilz wächst herdenweise in Nadel- und Laubwäldern ausschließlich auf Kalkboden und erscheint ziemlich selten, aber standortstreu, schon im Mai und Juni.

Trüffeln *(Tuber* u. a.) sind unterirdisch wachsende, knollenförmige Schlauchpilze. Das Innere ist in Gänge oder Kammern aufgeteilt, in denen die Sporen entstehen. Einige Trüffeln sind berühmte Speise- und Würzpilze, besonders die in wärmeren Teilen Frankreichs vorkommende Périgordtrüffel, die heute noch mit Hilfe von Hunden oder Schweinen gesucht und hoch bezahlt wird. In Deutschland spielen die Trüffeln aber kaum eine Rolle als Speisepilze. Die wohlschmeckende Sommertrüffel ist sehr selten; von den übrigen Arten, wie den Hirschtrüffeln, Schleimtrüffeln u. a., sind die meisten ungenießbar. Das Wild schätzt sie und wühlt sie aus dem Boden.

HERBSTLORCHEL *am sonnigen Waldrand. Der dünnfleischige, verbogene Hut kann sehr verschieden gestaltet sein*

Herbstlorchel *(Helvella crispa)* o*

Mittelgroßer gelblichblasser Pilz mit lappig-gefaltetem Hut und geripptem Stiel.

FRUCHTKÖRPER bis 10 cm hoch, der hutförmige Kopfteil aus dünnfleischigen, verbogen-geschweiften Lappen bestehend, weißlichgelb oder blaßbräunlich. STIEL 3–10 cm lang, ziemlich dick, mit teilweise verbundenen hohen Längsrippen, zwischen denen tiefe Gruben verlaufen, von weißlich-gelblicher Farbe. FLEISCH dünn, weißlich, leicht zerbrechlich. VORKOMMEN: Im September und Oktober ziemlich häufig in Laubwäldern, besonders an Böschungen von Waldwegen, an Waldrändern, in Gebüschen, auch im Gras. WERT: Eßbar, sollte aber vorher abgebrüht werden. ÄHNLICH, fast von gleicher Gestalt, aber mit dunkelmausgrauer bis schwarzer Hutfarbe, und grauem Stiel ist die GRUBENLORCHEL, häufig und mit Einschränkung eßbar wie die vorige. ANDERER NAME: Krause Lorchel.

Frühlorchel *(Gyromitra esculenta)* †o*

Mittelgroßer Pilz mit unregelmäßig-rundlichem, gewunden-faltigem rotbraunem Hut und kurzem blassem Stiel.

HUT von wechselnder Größe, 3–8 cm breit, von unregelmäßiger Form, wie aufgeblasen hohl, der untere Rand umgebogen und angewachsen, die rotbraune oder braune, zuweilen violettlich überhauchte Oberseite faltig gewunden wie Gehirnmasse. STIEL nur 2 bis 5 cm hoch, hohl, schwach filzig, schmutzig-weißlich bis rötlichgrau. FLEISCH dünn, wachsartig, zerbrechlich. VORKOMMEN: Von Ende März bis Mai meist auf Sandboden in Nadelwäldern, besonders unter Kiefern, aber auch ohne Nadelholz in Heiden und Eichen-Birkenwäldern, nur stellenweise häufiger. WERT: Ohne Vorbehandlung kann die Frühlorchel lebensgefährlich giftig wirken, nach fünfminütigem Abkochen (Kochwasser fortschütten!) wird sie meist, aber nicht immer vertragen; nie soll man mehrere Lorchelmahlzeiten hintereinander essen. Getrocknet ungiftig. Sie kann daher als Speisepilz nur mit Bedenken empfohlen werden (Seite 61).

Speisemorchel *(Morchella esculenta)* **

Mittelgroßer bis großer Frühlingspilz mit rundlichem, tiefgrubigem, braungelbem Hut und blassem Stiel.

HUT 4–7 cm hoch und breit, zuweilen größer, von eiförmiger oder unregelmäßig-rundlicher Gestalt, dünnfleischig, hohl, sehr zerbrechlich, auf der Außenseite in annähernd gleich große, unregelmäßige wabenartige Gruben geteilt, graugelb oder gelbbraun. STIEL 3–8 cm hoch und 1–3 cm dick, zuweilen keulig aufgeblasen und so dick wie der Hut breit ist, weißlich bis gelbbräunlich. VORKOMMEN: Im April und Mai (zur Zeit der Apfelblüte) auf kalkhaltigem Boden in lichten Laubwäldern, gern unter Eschen und Pappeln, besonders in Flußauen- und Bacheschenwäldern, auch in Gebüschen, Gräben an Straßenrändern oder Parkanlagen, örtlich häufig, standortstreu. WERT: Eßbar, geschätzter Speisepilz; bei größeren Mengen wird Abbrühen empfohlen. – Sehr variable Art, es gibt auch kleine graue Formen. ÄHNLICH ist die hochkegelförmige SPITZMORCHEL (siehe Abbildung Seite 52), eßbar und wohlschmeckend.

Im April erscheint die FRÜHLORCHEL *im Heidewald. Zur gleichen Zeit öffnen sich die Blütensternchen des Wacholderhaarmooses*

Zwischen Efeu und vorjährigem Pappellaub erhebt die SPEISEMORCHEL *ihr krauses Haupt*

Orangenbecherling *(Aleuria aurantia)* ⋆

Mittelgroßer bis großer, schalenförmig ausgebreiteter, dünnfleischiger Pilz von lebhaft apfelsinenroter Färbung.

FRUCHTKÖRPER 2–10 cm, selten bis 15 cm im Durchmesser, flach, teller- oder schalenförmig, am Rande oft unregelmäßig eingebuchtet, innen prachtvoll orangerot bis fast scharlachrot. Außenseite blaßgelblich, fein filzig, unten auf kleiner Fläche am Erdboden festsitzend. VORKOMMEN: Vom Frühling bis zum Oktober häufig in- und außerhalb des Waldes, besonders auf nacktem oder wenig bewachsenem Lehmboden, meist in kleinen oder größeren Gruppen. WERT: Eßbar, aber wenig ergiebig. ÄHNLICH sind andere rote, braune oder gelbliche Becherlinge. Sehr häufig ist der nur zentimeterbreite SCHILDFÖRMIGE BORSTENBECHERLING, dessen flache scharlachrote Scheibchen am Rande mit wimperartigen schwarzen Borsten besetzt sind. Gelbbräunlich sind der BLASENBECHERLING, häufig auf gedüngtem, fettem Boden und der kalkliebende GELBMILCHENDE BECHERLING, mit erst wasserhellem, dann gelbem Saft.

Roter Gallertpilz *(Guepinia helvelloides)* ⋆

Mittelgroßer, aufrechtstehend-ohrförmiger rötlicher Pilz mit gallertigem Fleisch, in Gebirgsnadelwäldern.

FRUCHTKÖRPER 5–10 cm hoch und 3–6 cm breit, anfangs spatelförmig, dann oben verbreitert und trichterförmig, an einer Seite eingeschnitten oder halbiert ähnlich einem Tierohr, oben abgerundet mit im Alter etwas umgebogenem oder gelapptem Rand, anfangs rosaorange, dann rotbräunlich, in trockenem Wetter weißlich bereift. FLEISCH gelatinös-schwabbelig, aber zäh, orangerötlich durchscheinend. VORKOMMEN: Von Juli bis Herbst besonders in Gebirgsnadelwäldern, daher in Deutschland vorwiegend in den Alpen und höheren Mittelgebirgen, selten einzeln, meist truppweise oder büschelig, auf nicht zu trockenen Böden über Humus, in Moospolstern oder bei moderigen Stümpfen, an Waldwegen und Grabenrändern, auch auf moosigen Waldwiesen. WERT: Kann roh als Salatpilz verwendet werden. BEMERKUNG: Der schöne Pilz ähnelt entfernt den Becherlingen, gehört aber zu den Gallertpilzen *(Tremellales)*.

ORANGENBECHERLINGE *an einer Wegböschung. Von weitem ähneln sie hingestreuten Apfelsinenschalen*

Fast an eine Rose erinnert diese Kolonie des RÖTLICHEN GALLERT-PILZES *im Fichten-Tannenwald des Alpenrandes*

Vom Pilzsammler zum Pilzkenner

Die Wissenschaft von den Pilzen

Absonderliche Vorstellungen über Wesen und Herkunft der Pilze herrschten im Altertum und Mittelalter und klingen noch heute in mancherlei Aberglauben und Phantastereien nach. Anfangs glaubte man, die Pilze seien Auswüchse der feuchten Erde und ihrer Säfte oder sie entstünden durch Gewitter. Ihren unheimlichen Giftgehalt brachte man mit dem Wirken von Waldgeistern, Hexen und dem Teufel in Verbindung. Alte Volksnamen, wie Satans- und Hexenpilz oder Totentrompete, sind Zeugen aus dieser Zeit.
Verhältnismäßig spät begann sich die botanische Wissenschaft kritisch mit den Pilzen zu befassen. 100 Jahre nach Linné gab Elias Fries (1794–1878), wie Linné Professor in der schwedischen Universitätsstadt Uppsala, die erste große Zusammenstellung und Klassifizierung der damals bekannten europäischen Pilze mit lateinischen Benennungen für alle Arten heraus. Seitdem ist die Wissenschaft von den Pilzen, die *Mykologie*, zu einem großen Zweig mit vielen verschiedenen Arbeitsrichtungen innerhalb der Botanik angewachsen. Die *Systematik* oder *Taxonomie* befaßt sich mit der Benennung und Beschreibung von Pilzarten und ihrer Einordnung in das System der Pilze. Die *Physiologie* untersucht die Lebens- und Wachstumserscheinungen der Pilze im Laboratorium. Die *Pilzökologie* beschäftigt sich mit den Beziehungen der Pilze zur Umwelt, die *Pilzsoziologie* mit der Vergesellschaftung von Pilzen untereinander und mit anderen Pflanzen, die *Pilzfloristik* und die *Pilzgeographie* mit der Verbreitung der Pilze in einzelnen Gebieten oder auf der ganzen Erde.
Das Interesse an den Pilzen reicht weit über die Kreise studierter Botaniker hinaus, die sich beruflich mit den Pilzen befassen. Viele der bedeutendsten Pilzkenner und Systematiker waren Pfarrer oder Lehrer, und auch heute ist die Pilzliebhaberei im weitesten Sinne in allen Bevölkerungskreisen verbreitet, in Deutschland ebenso wie in anderen Ländern. Diese Volkstümlichkeit ist geradezu ein besonderes Merkmal der Pilzkunde.

Das System der Pilze

Elias Fries ordnete in seinen großen Hauptwerken, von »Systema mycologicum«, entstanden von 1821 bis 1832, dem Ausgangspunkt der wissenschaftlichen Benennung der Arten, bis zu seinem Alterswerk »Hymenomycetes Europaei« (1874) die Pilze nach einfachen äußeren Merkmalen. Für seine Einteilung war beispielsweise wichtig, ob die Pilze Lamellen, Röhren oder Stacheln unter dem Hut besaßen, in welcher Weise bei Blätterpilzen die Lamellen am Stiel befestigt waren, ob die Pilze einen Ring am Stiel hatten oder nicht, wie die Sporen gefärbt waren und dergleichen. Fries benutzte das Mikroskop noch nicht.

Seither haben andere Mykologen gründliche Detailstudien aller Mikromerkmale vorgenommen und auch den Chemismus der Pilze, zum Beispiel die Färbung mit verschiedenen Reagentien untersucht. Sie sind daraufhin zu einem veränderten System gelangt, das die natürliche Verwandtschaft der Pilze besser berücksichtigt. Dies *natürliche System* enthält viel mehr Gattungen als das frühere, es war nötig geworden, um die inzwischen bekannt gewordene große Fülle auch der Pilze anderer Kontinente unterbringen zu können. Wenigstens für den Anfänger ist es allerdings nicht mehr ganz so übersichtlich wie das auf einfachen, ohne Mikroskop erkennbaren Kennzeichen beruhende *künstliche System* von Elias Fries.

Ratschläge für das Pilzstudium

Der Anfang ist immer am schwersten, das gilt auch für die Pilzkunde. Auf den ersten Pilzausflügen möchte man fast verzweifeln angesichts der Fülle von Pilzarten, denen man begegnet und die man nicht einordnen kann. Aber mit jedem Pilz, den man neu kennenlernt, steigt die Urteilsfähigkeit, und wenn man erst einmal zwei oder drei Dutzend Arten sicher kennt, hat man schon einen Blick für wesentliche Merkmale gewonnen, und damit ist das Allerschlimmste überwunden. Wer 100 Arten unterscheiden kann, darf sich schon als einen kleinen Pilzkenner betrachten. Aber bis dahin ist ein weiter Weg. Man kann ihn abkürzen, wenn man ihn nicht allein geht. Jede Möglichkeit, sich helfen zu lassen, sollte man benutzen und sich an andere Pilzfreunde und Pilzkenner anschließen.

In vielen deutschen Städten sind Pilzberatungsstellen eingerichtet, wo man während der Pilzsaison gesammelte Pilze untersuchen und auf Giftpilze kontrollieren lassen kann. Man wird leicht feststellen können, wo solche Einrichtungen bestehen, andernfalls erteilt auch die »Zentralstelle für Pilzforschung und Pilzverwertung«, München 23, Leopoldstraße 175, Auskunft darüber.

Noch vorteilhafter ist es, an pilzkundlichen Wanderungen unter sachkundiger Führung teilzunehmen, die in vielen Orten Deutschlands von Volkshochschulen, Naturwissenschaftlichen Vereinen oder besonderen Pilzvereinen veranstaltet werden. Auch Pilzausstellungen gibt es hier und dort. Derartige Möglichkeiten bestehen unter anderem in Berlin, Hamburg, Lübeck, Bremen, Münster, Essen, Köln, Frankfurt, Stuttgart, Nürnberg, Augsburg und München.

Verstreut in Deutschland gibt es überall Pilzkenner, die, soweit sie wissenschaftlich interessiert sind, in der »Deutschen Gesellschaft für Pilzkunde e. V.« (Geschäftsstelle beim Verlag der Zeitschrift für Pilzkunde, Julius Klinkhardt, Bad Heilbrunn, Obb.) zusammengeschlossen sind. Noch besser hat es der Pilzfreund in der Schweiz, die für sich in Anspruch nehmen darf, im Verhältnis zu ihrer Größe die meisten örtlichen Pilzvereine und im übergeordneten »Verband schweizerischer Vereine für Pilzkunde« wohl die größte pilzkundliche Organisation der Welt zu besitzen, die ihre vielen Mitglieder vorbildlich betreut. Außer in der Schweiz ist wohl nur in Frankreich die Pilzkunde in solchem Umfang volkstümlich geworden.

Das Pilzbestimmen. Wer seine ersten Bestimmungsversuche unternimmt, wird bald herausfinden, daß die naheliegendste und einfachste Methode, nämlich einen gefundenen Pilz mit den Bildern in einem Pilzbuch zu vergleichen, ihre Grenzen hat. Kein Pilzbuch kann sämtliche Pilzarten abbilden, dazu ist ihre Zahl viel zu groß. Außerdem haben Pilze auch eine viel größere Variationsbreite als andere Pflanzen. Eine Taubnessel ist immer als Taubnessel zu erkennen, sie kann wohl einmal üppiger oder schmächtiger ausfallen, aber ihre Veränderlichkeit ist sehr gering, und ihre Blüte variiert so gut wie gar nicht. Ein Steinpilz aber durchläuft vom dickbäuchigen Pilzkind mit kleinem Käppchen bis zum riesigen, breithütigen Pilzgroßvater mit walzlich-zylindrischem Stiel viele verschiedene Entwicklungsstadien. Außerdem gibt es ganz blasse, nußbraune, rotbraune und schwarzbraune Steinpilze, und der Anfänger wäre ganz verwirrt, wenn man ihm einmal alle diese verschiedenen Altersstadien und Ausbildungsformen gleichzeitig als Angehörige einer einzigen Art präsentieren würde.

Gewiß kann man viele Pilze auf den ersten Blick erkennen, aber es gibt mehr Doppelgänger, als man denkt, und es ist daher immer notwendig, nach den *artcharakteristischen Kennzeichen* zu suchen. Von solchen hat jeder Pilz eine bestimmte Anzahl. Manche Kennzeichen, wie Konsistenz des Fleisches, Geruch und Geschmack, sind im Bild nicht darstellbar. So haben beispielsweise alle Steinpilze ein weißliches Adernetz am blaßbraunen Stiel, zuletzt olivgelbliche Röhren, weißes, nicht blau anlaufendes Fleisch und völlig milden Geschmack gemeinsam. An diesen Kennzeichen kann man den Steinpilz von ähnlichen Dickröhrlingen, wie etwa Hexen- und Gallenröhrlingen, sicher unterscheiden. In den einzelnen Beschreibungen zu unseren Farbbildern sind diese artcharakteristischen Kennzeichen als eine Art Steckbrief aufgeführt.

Man kann solche Kennzeichen auch benutzen, um einen *Bestimmungsschlüssel* zusammenzustellen, mit dessen Hilfe man auch ohne Abbildungen den Namen eines Pilzes herausfinden kann. Das Bestimmen mit Hilfe solcher Schlüssel ist nicht schwer und wird schon in den Schulen mit 11–14jährigen Kindern bei Blütenpflanzen geübt. Am einfachsten sind die zweigabeligen (dichotomen) Schlüssel, die immer eine Doppelfrage, ein Entweder-Oder, zur Beantwortung stellen. Je nach der Entscheidung wird man am Zeilenende zu einer weiter unten stehenden Ziffer und schließlich zum gesuchten Namen geführt. Als Beispiel für eine solche Bestimmungstabelle bringen wir einen Schlüssel für die Gattungen der Lamellenpilze (Seite 182), weil in dieser großen Pilzgruppe das Zurechtfinden am schwierigsten ist. Hier sind allerdings nur die größeren Pilze und die wichtigsten, besonders die in unserem Buch erwähnten Gattungen und einige Einzelarten aufgenommen.

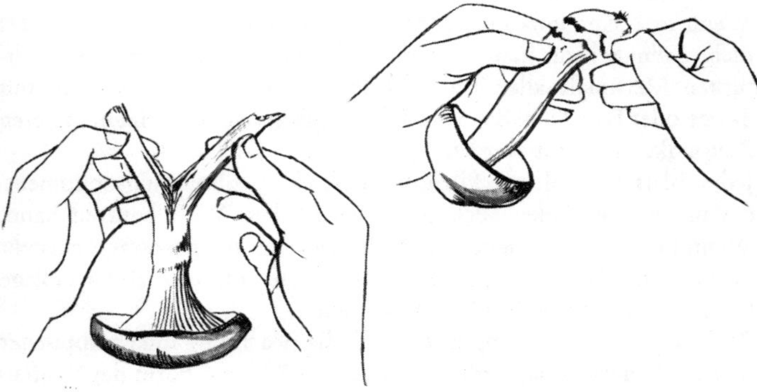

Bei den meisten Lamellenpilzen läßt sich das Stielfleisch auffasern (links), bei Täublingen und Milchlingen ist es zerbrechlich (rechts)

Anlage einer Pilzkartei. Wenn man einen neuen Pilz kennenlernt, ist man sehr beeindruckt und meint, man würde ihn nun gewiß nicht mehr vergessen und immer wiedererkennen. Aber man darf seinem Gedächtnis nicht zu sehr vertrauen, denn es kann lange Zeit vergehen, bis einem der Pilz einmal wiederbegegnet, und in der Zwischenzeit haben wir ja auch an andere Dinge zu denken. Es genügt auch nicht, im Buch den Namen und die Kennzeichen des Pilzes anzustreichen – dazu sind unsere schönen Pilzbücher ja auch eigentlich zu schade.

Statt dessen sollte man sich Notizen machen, in einem Heft oder besser in einer Zettelkartei, in der jeder Pilz einen besonderen Zettel erhält. Diese Blätter kann man dann beliebig ordnen. Man notiert Datum, den genauen Fundort, die Standortsverhältnisse (Waldtyp, Bodenart, Begleitpflanzen) und schreibt dazu diejenigen Merkmale, die einem für die Wiedererkennung am wichtigsten zu sein scheinen. Dazu sollte man auch eine Zeichnung beifügen. Eine rohe Skizze kann schon den Habitus und wesentliche Merkmale festhalten. Die Färbung von Hut, Lamellen oder Stiel kann man mit Buntstift oder Wasserfarben eintragen.

Niemand möge sagen, er könne nicht zeichnen. Die Liebe zu den Pilzen hat schon manche verborgenen Zeichenkünste erweckt bei Menschen, die sich auf diesem Gebiet für völlig unbegabt gehalten hatten. Wer fotografieren kann, sollte seine Notizen durch Farb- oder Schwarzweißfotos ergänzen. Diese Methode der Festhaltung von Funden ist so wichtig, daß wir der Pilzfotografie ein eigenes Kapitel (Seite 172) widmen wollen.

Wenn man eine unbekannte Art findet, deren Bestimmung zunächst nicht gelingt, kann man auch eine genauere Beschreibung der wichtigsten Merkmale aller Teile des Pilzes anfertigen. Zusammen mit Skizze oder Foto kann dann der Pilz möglicherweise zu einem späteren Zeitpunkt bestimmt werden.

Jedes Blatt mit solchen Pilznotizen ist ein Beobachtungsdokument, das unter Umständen auch wissenschaftlichen Wert besitzen kann. Wenn man spätere erneute Funde der gleichen Art nachträgt, entsteht im Laufe der Jahre eine persönliche Pilzkartei, die auch als Grundlage für wissenschaftliche Studien dienen kann.

Zur genauen Bestimmung ist oft auch die Beachtung mikroskopischer Merkmale notwendig, insbesondere die Größe und Form der Sporen. Sofern man nicht gleich ein Mikroskop zur Hand hat und diese Daten feststellen kann, sollte man den Aufzeichnungen über eine unbekannte oder kritische Pilzart einen Sporenabdruck oder etwa einige getrocknete Lamellen beifügen. Von kleineren Pilzen kann man auch ganze Fruchtkörper trocknen und aufbewahren, bei größeren ist dies nur mit einem besonderen Trockengerät möglich, außerdem würde eine Sammlung von Trockenpilzen, die auch durch Vergiftung vor Insektenfraß geschützt werden muß, auf die Dauer zu unbequem. Trockenpräparate oder Exsikkate, an denen später verschiedenartige mikroskopische Untersuchungen durchgeführt werden können, werden in großen Museen in besonderen Pilzherbarien aufbewahrt.

Pilzkundliche Beobachtungsaufgaben. Wenn man wissen möchte, wo in Deutschland eine bestimmte Blume, ein Gras oder ein Moos vorkommt, kann man dies aus botanischen Büchern oder Zeitschriften erfahren. Zahlreiche Fachkenner haben ihr Wissen zusammengetragen und veröffentlicht, und es ist für fast jede dieser Pflanzenarten möglich, etwa eine Verbreitungskarte für Deutschland oder Mitteleuropa zu zeichnen, aus der zwar nicht alle lokalen Einzelheiten, aber doch ihre Gesamtverbreitung, ihr Areal, recht genau hervorgeht.

Über die Verbreitung der Pilze ist leider nicht so viel bekannt. Wollte man beispielsweise eine Verbreitungskarte für so bekannte Pilze wie Pfifferling, Riesenschirmling oder Speisemorchel zeichnen, so gäbe es in diesen Karten an vielen Stellen »weiße Flecken«, die aber keineswegs bedeuten müssen, daß es diese Pilze dort nicht gäbe, sondern lediglich, daß man über das betreffende Gebiet nichts weiß. Das gilt auch für alle anderen europäischen Länder, und man hat deshalb vor einigen Jahren eine großangelegte internationale gesamteuropäische Pilzkartierung, zunächst von allgemein bekannten Großpilzen, ins Leben gerufen, die gleichzeitig in allen Ländern in Ost und West, Nord und Süd in Angriff genommen worden ist, aber noch in den Anfängen steckt.

An solchen Beobachtungsaufgaben kann jeder Pilzfreund teilnehmen. Seine Mitarbeit ist sehr willkommen, sofern er genügend Selbstkritik besitzt und seine Pilzbestimmungen gewissenhaft prüft oder von anderen prüfen läßt. Die Grundlage für alle solche pilzfloristischen oder pilzgeographischen Arbeiten ist die eigene Fundortskartei, in der für jede Art alle neu entdeckten Fundorte im Beobachtungsgebiet eingetragen werden.

Sehr zu empfehlen ist es auch, sich zunächst eine bestimmte Pilzgruppe vorzunehmen, die man dabei allmählich sehr gut kennenlernt. Man kann etwa versuchen, alle in einem Gebiet vorkommenden Röhrlinge – von denen man ja ohnehin schon viele Arten vom Speisepilzsammeln kennt – aufzufinden. Eine solche Untersuchung wäre in einem Gebiet mit nur sauren Sandböden weniger reizvoll, weil da nur eine geringe Zahl von Röhrlingen vorkommt, um so spannender ist aber eine Röhrlingsjagd in Gegenden, wo es neben sauren auch kalkhaltige Böden gibt. Daß man dabei den seltenen Arten Schonung angedeihen läßt, ist für den wahren Pilzfreund selbstverständlich. Die beste Jagdwaffe ist in solchen Fällen die Kamera. Eine dankbare Aufgabe ist es auch, das Vorkommen der gefährlichen Giftpilze, wie des Grünen Knollenblätterpilzes oder des Ziegelroten Rißpilzes, zu kartieren, zum Nutzen der Pilzsammler in dem betreffenden Gebiet.

Wenn die Kenntnisse wachsen, mehren sich auch die pilzfloristischen Aufzeichnungen, die man später einmal auswerten oder anderen Pilzkennern zur zusammenfassenden Bearbeitung übergeben kann. Am schönsten ist es immer, wenn sich eine kleine Arbeitsgruppe zusammenfindet und ihre Beobachtungen austauscht, vor allem weil dadurch immer wieder die Bestimmungen gegenseitig überprüft werden können. Der Einzelgänger unterliegt nur allzu leicht Irrtümern und Fehlbestimmungen.

Pilzsoziologische Beobachtungen setzen größere Pilzkenntnisse voraus. Hierbei versucht man zum Beispiel, alle in einer bestimmten Pflanzengesellschaft, etwa in einem Kalk-Buchenwald, vorkommenden Pilze zu bestimmen. Man arbeitet dabei am besten mit einer Anzahl von sogenannten Dauerprobeflächen, die man an günstigen Stellen im Gelände markiert und mehrere Jahre hintereinander in regelmäßigen Abständen kontrolliert. Man wähle sie aber nicht zu groß, denn 100 Quadratmeter sind in einem Walde schon eine recht große Fläche, wenn es gilt, sämtliche Pilze, auch die winzigen, aufzusuchen und zu Hause sorgfältig zu bestimmen.

Die Arbeit an solchen Probeflächen zwingt zur peinlich genauen, konzentrierten Beobachtung, aber sie ist außerordentlich reizvoll. Man erhält tiefe Einblicke in die Lebensweise und die Standortsverhältnisse der einzelnen Pilzarten und entdeckt in seinen Flächen die merkwürdigsten Pilze, an denen man bei flüchtiger Begehung des Waldes sicherlich vorbeigelaufen wäre, etwa die vielen hübschen Kleinpilze auf allerlei Sonderstandorten, in Moospolstern, auf Fruchtschalen oder auf Kiefernzapfen, halbunterirdische Trüffeln und Bauchpilze, die nur mit dem Scheitel aus dem Boden hervorschauen und vieles andere. Man kennt schließlich jede kleine Bodenschwelle, jeden Baum und jeden Stumpf in »seiner« Probefläche und wartet mit großer Spannung darauf, was man bei der nächsten Begehung dort wohl finden wird.

Man kann sich auch Baumstümpfe einer bestimmten Holzart vornehmen und deren Pilzbewuchs beobachten. Bei einer solchen Unter-

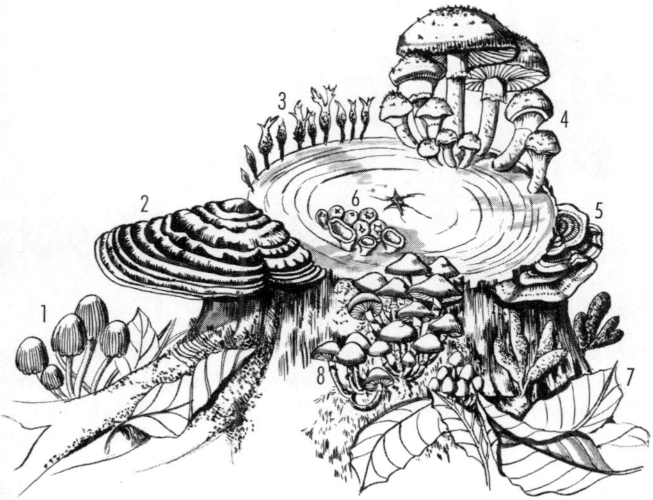

Pilzgesellschaft auf einem Buchenstumpf: 1 Glimmertintling, 2 Flacher Porling, 3 Geweihförmige Kernkeule, 4 Hallimasch, 5 Schmetterlingsporling, 6 Fleischroter Gallertbecher, 7 Vielgestaltige Kernkeule, 8 Stockschwämmchen

suchung fand ich einmal auf 1034 Fichtenstümpfen mit Pilzbewuchs 51 verschiedene Pilzarten, darunter einige recht seltene, über deren Vorkommen noch wenig bekannt war. Jede solche Beobachtungsreihe, verglichen mit ähnlichen Untersuchungen in anderen Gebieten, wirft eine Fülle von Fragen auf, deren Lösung eine dankbare Aufgabe ist.

Das Mikroskopieren von Pilzen

Eine sichere Kenntnis von mehreren hundert Pilzen kann man erwerben, ohne ein Mikroskop zu benötigen. Wenn man aber tiefer in die Pilzkunde eindringen und auch die vielen kleinen Pilze kennenlernen möchte, an denen man in der ersten Zeit achtlos vorübergegangen ist, stellt das Mikroskop eine sehr nützliche Hilfe dar und ist auf die Dauer unentbehrlich. Oft kann auch ein langwieriger und unsicherer Bestimmungsweg nach äußerlichen Kennzeichen abgekürzt werden, indem ein Blick durchs Mikroskop entscheiden kann, zu welcher Gattung oder Art der Pilz gehört.

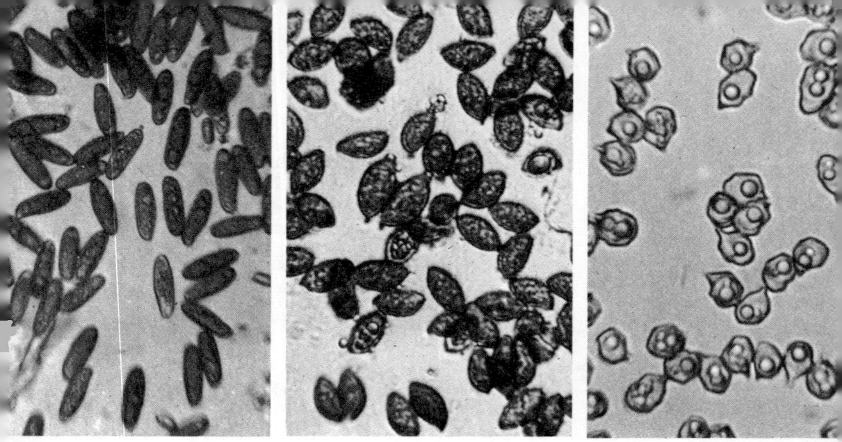

So verschieden sehen Sporen unter dem Mikroskop aus: links langzylindrische Sporen eines Schmierlings, in der Mitte mandelförmige, warzige Sporen des Heuschnittpilzes; rechts eckige Sporen mit Öltropfen eines Rötlings

Verwendung des Mikroskops. In Pilzberatungsstellen wird oft das Mikroskop benötigt, wenn es sich um schwierigere Bestimmungen oder um Untersuchungen von Pilzvergiftungen handelt, wobei man durch die in Speiseresten enthaltenen Sporen gewisse Arten erkennen oder auch ihr Vorhandensein darin ausschließen kann.

Wer aber nun meint, das Mikroskopieren sei eine zwar nützliche und notwendige, aber mühselige und lästige Angelegenheit, der kennt nicht die Entdeckerfreuden, die den Pilzfreund erwarten, wenn er in diese neue Welt des Feinbaus der Pilze eindringt. Er lernt die Pilze gleichsam ein zweites Mal kennen, mit ihren verschiedenartigen Geweben, ihren oft merkwürdig geformten Zellgebilden, die an verschiedenen Teilen der Fruchtkörper vorkommen und mit der unglaublichen Formenmannigfaltigkeit ihrer Sporen.

Die Ausrüstung. Die Bedienung eines Mikroskops ist denkbar einfach und kann von jedermann leicht gelernt werden. Eine sehr kostspielige Apparatur ist nicht notwendig, doch benötigt man recht hohe, etwa 600–800fache Vergrößerungen, besonders um die Form der Sporen gut zu erkennen und ihre Maße festzustellen. Diese Vergrößerungen erreicht man schon mit guten Schul- und Kursmikroskopen.

Noch stärkere Vergrößerungen erzielt man mit einem Immersions-Objektiv, das sich für die meisten Mikroskope auch zusätzlich beschaffen läßt. Ein solches Objektiv wird vorsichtig in einen auf das

Deckglas gebrachten Öl- oder Wassertropfen eingetaucht. Man erzielt etwa 1200–1500fache Vergrößerungen, die man für bestimmte Fälle benötigt, wenn beispielsweise feine Skulpturen oder Ornamente auf der Sporenwandung zu untersuchen sind, auch kann man natürlich damit noch exaktere Messungen durchführen.

Erwünscht ist ein durch Schrauben zentrierbarer und drehbarer Tisch oder ein Kreuztisch, damit man bei starken Vergrößerungen die Sporen zum Messen an die Skala heranschieben kann. Unabdingbar ist ein Meßokular, das man auch durch ein billigeres, ins Okular einzulegendes Meßplättchen ersetzen kann. Die Meßskala muß dann zunächst für alle benutzten Vergrößerungen mit Hilfe eines Objektmikrometers geeicht werden, eine einfache kleine Rechnerei, über die mikroskopische Gebrauchsanleitungen Auskunft geben. Praktisch sind ansteckbare Beleuchtungslampen, wie sie bei modernen Mikroskopen üblich sind, besonders dann, wenn man seine Beobachtungen im mikrofotografischen Bild festhalten will und dann stets eine konstante Lichtquelle zur Verfügung hat.

Das Präparieren. Sporen sind am einfachsten zu untersuchen. Man kann sie auf einem glatten Papier oder auf einer Glasscheibe ausfallen lassen und dann mit einer Nadel oder einem Skalpell auf den Objektträger bringen. Häufig sollen aber noch andere Einzelheiten der sporenerzeugenden Schicht, des Hymeniums, beobachtet werden. Dort sitzen zum Beispiel sehr oft merkwürdig geformte, keulige, zylindrische oder kopfige Zellen, die über die Basidienschicht hinausragen, die Zystiden. Sie können für die Bestimmung sehr wichtig sein. Bei Lamellenpilzen stehen sie meist auf den Seitenflächen der Lamellen, während auf deren Schneiden zuweilen Zystiden eines anderen Typs oder keulige Zellfäden sitzen, nicht selten so dicht, daß die Lamellenschneide schon bei Lupenbetrachtung flockig-haarig erscheint.

Bei Schlauchpilzen kann die Form und Größe der Schlauchzellen oder der zwischen ihnen stehenden sterilen Haare, der Paraphysen, von Wichtigkeit für die Bestimmung sein. Um solche Gebilde zu beobachten, fertigt man mit einer Rasierklinge dünne Querschnitte durch das Hymenophor, also den das Hymenium tragenden Teil des Fruchtkörpers an. Bei Blätterpilzen schneidet man die Lamellen quer. Wenn die Huthaut zu untersuchen ist, kann man ebenfalls einen Querschnitt oder auch einen ganz flachen Oberflächenschnitt, einen sogenannten Skalp, herstellen. Ähnlich verfährt man, wenn man die Struktur und Oberfläche eines Pilzstieles beobachten will.

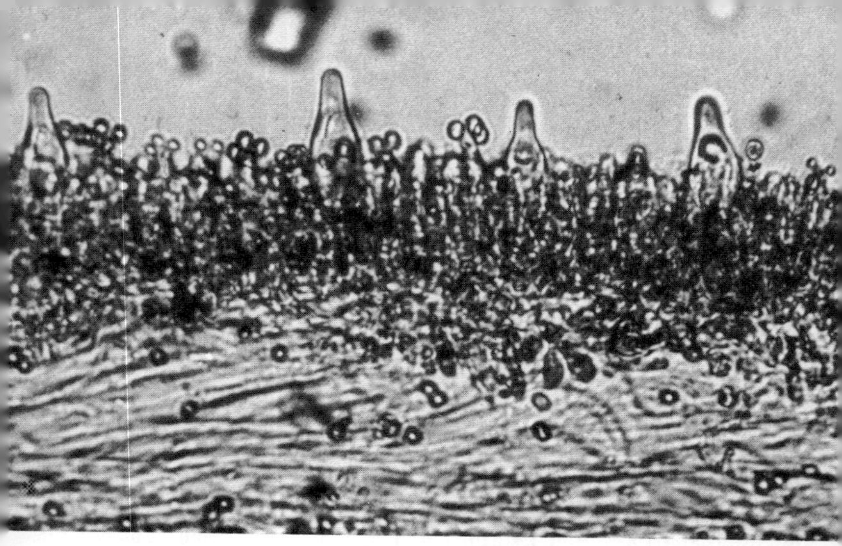

Lamellenfläche eines Dachpilzes im Querschnitt, die Basidien mit eiförmigen Sporen werden von flaschenförmigen Zystiden überragt

Es gehört eine gewisse Übung dazu, bis die Schnitte dünn genug werden, um die Gewebe klar zu zeigen. Aber auch hauchdünne Schnitte aus der Hand sind oft noch zu dick, um einzelne Zellelemente zwischen dichteren Gewebearten erkennen zu lassen. Dann hilft man sich durch Herstellung eines Quetschpräparates: man beklopft vorsichtig, aber ausdauernd, das Deckglas mit der Ecke eines weichen Radiergummis. Dabei rücken allmählich die eng verflochtenen Hyphen auseinander und geben die einzelnen Zelltypen frei.

Frische Schnitte beobachtet man am besten zunächst in Wasser, dem man auch ein wenig Glyzerin zusetzen kann. Vertrocknete Pilzgewebe aus Exsikkatenmaterial, bei denen die Zellen geschrumpft sind, müssen erst aufgespannt werden, damit sie wieder ihre natürliche Form annehmen. Da dies in Wasser kaum eintritt, benutzt man am besten Ammoniaklösung, Kalilauge oder Chloralhydratlösung. Am kräftigsten wiederaufspannend wirkt Lactophenol, eine Mischung zu gleichen Teilen von Milchsäure, Phenol und destilliertem Wasser, in der man das Präparat auf dem Objektträger kurz erhitzt.

Zur Erleichterung der Beobachtung und Entlastung der Augen kann man die Präparate mit ammoniakalischer Kongorotlösung oder anderen Farbstoffen anfärben. Von anderen Chemikalien braucht man wohl am häufigsten Melzers Reagenz (0,5 g Jod, 1,5 g Kaliumjodid,

20 g Chloralhydrat und 20 ccm Wasser). Hierdurch werden bei manchen Sporen die Wände dunkelblau oder violett gefärbt (Amyloidreaktion). Bei einigen Pilzgattungen tritt diese Reaktion ein, bei anderen nicht, was zur Unterscheidung wichtig sein kann. Melzers Reagenz färbt auch die eigentümlichen Warzen, Stacheln oder netziggratige Skulpturen auf den Sporen der Täublinge und Milchlinge, die sehr häufig art- oder gruppencharakteristisch sind.

Es gibt noch eine Reihe von weiteren Reagenzien für bestimmte Beobachtungen, über die größere Pilzwerke Auskunft geben. Zunächst kommt man aber mit den genannten Chemikalien aus. Für dies kleine »Tischlaboratorium« beschafft man sich am besten ein Holzkästchen mit Paßformen für die einzelnen Flaschen, damit nicht im Eifer des Mikroskopierens etwa die Kalilaugeflasche von einem Pilz überrollt wird und Unheil anrichtet ...

Wichtiger als alle Rezepte aber ist die praktische Erfahrung, die man in ständigem Umgang mit dem Mikroskop rasch erwerben wird.

Pilzfotografie

Pilze im Herbstwald – in allen bunten Farben leuchten sie in grünem Gras, braunem Laub, auf modernden Baumstümpfen, reizvolle kleine Naturausschnitte mit dem Pilz als farbigem Mittelpunkt. Pilze gehören zu den dankbarsten Objekten für den Naturfreund, der mit der Farbkamera Wald und Flur durchstreift.

Pilze als Fotoobjekte

Für den Pilzliebhaber aller Kategorien ist das Farbfoto das eleganteste Mittel, den so vergänglichen Pilzfund in all seiner Schönheit und Frische am Standort zusammen mit der charakteristischen Umgebung festzuhalten. Jedes Bild ist ein unwiderlegliches Dokument und Beleg für den gemachten Fund. Manche unbekannten Pilze lassen sich nach Farbfotos nachträglich bestimmen. Es verwundert nicht, daß die Kamera neben dem Sammelkorb zum ständigen Begleiter vieler Pilzfreunde gehört und daß die Zahl der Pilzfotografen von Jahr zu Jahr ansteigt. Denen, die es noch nicht sind oder die mit ihren Ergebnissen noch nicht ganz zufrieden sind, seien im folgenden einige Ratschläge aus der Praxis mitgeteilt.

Kamera und Zubehör. Die einzig sinnvolle »Pilzkamera« ist die Kleinbildspiegelreflexkamera. Sie ist die beste Ausrüstung für die Fotojagd in freier Natur, ob sie nun Rehen, Vögeln oder Schmetterlingen, Blumen oder Pilzen gilt, und hat sich bei allen Naturfotografen durchgesetzt. Die Mattscheibe zeigt das Bild in natürlicher Größe, unter der Lupe kann man es in allen Einzelheiten beurteilen, Ausschnitt und Scharfeinstellung regulieren und die Wirkung der Abblendung kontrollieren.
Bei der Wahl der Kamera ist zu beachten, daß sie auch Nahaufnahmen bis etwa zur natürlichen Größe gestattet. Es gibt Kleinpilze, die man im Maßstab 1 : 1 fotografieren muß – um so überraschender

ist später die Wirkung, wenn sie vielfach vergrößert an der Projektionswand erscheinen. Am geeignetsten sind die Kameras vom Typ der Edixa-Reflex, Exakta, Exa, Praktica usw., die einen verdeckten Schlitzverschluß haben und jederzeit gestatten, Objektive zu wechseln und Zwischenringe für extreme Nahaufnahmen oder Balgengeräte einzusetzen, an denen man auch langbrennweitige Objektive verwenden kann. Die Kombination Balgen mit langer Brennweite ist nötig, weil normale Teleobjektive meist keine Nahaufnahmen erlauben.
Nun wird man vielleicht fragen, wozu denn bei der Pilzfotografie lange Brennweiten nötig sind, da man ja an die Pilze beliebig nah herangehen kann. Sie sind auch gewiß nicht erforderlich, mit normaler Brennweite von 4–5 cm bekommt man genauso gute Bilder. Der Vorteil einer Brennweite von 10,5 oder 13,5 cm liegt darin, daß man mit ihr einen bequemeren Arbeitsabstand vom Objekt gewinnt und nicht in angestrengter Haltung dicht am Boden kauern muß.
Und die übrige Ausrüstung? Daß ein guter Belichtungsmesser zur Farbfotografie gehört, braucht kaum erwähnt zu werden, oft ist er schon in der Kamera eingebaut. Weniger gern läßt sich der Anfänger davon überzeugen, daß er auch ein Stativ braucht. Aus der Hand kann man aber Pilze nur im Sonnenschein und mit relativ großen bis mittleren Blenden fotografieren. Wenn die Pilze nun nicht gerade in der Sonne wachsen – und das tun sie selten – ist man gezwungen, diesen Nachteil durch das leidige Verpflanzen zu korrigieren. Dabei geht aber die absolute Naturtreue von Pilz und Umgebung verloren, die ja gerade den besonderen Reiz und den dokumentarischen Wert unserer Pilzfotos ausmacht. Wenn sich das Umpflanzen einmal nicht umgehen läßt, so achte man wenigstens darauf, daß man den Pilz nicht aus seiner natürlichen Pflanzengesellschaft entfernt.
Eine zu große, d. h. zu weit geöffnete Blende hat den Nachteil, daß die Tiefenschärfe nicht ausreicht, um Pilz mit Begleitvegetation scharf abzubilden. Die Tiefenschärfe sollte unbedingt wenigstens vom vorderen Bildrand bis zum hinteren Rande des Pilzes oder der Pilzgruppe reichen, und dazu braucht man stets Blendenzahlen von 11 bis 16. Solch kleine Blenden verlangen aber im Walde immer längere Belichtungszeiten als etwa $^1/_{50}$ Sekunde, und diese sind ohne Verwacklungsgefahr aus der Hand nicht mehr möglich. So lästig es auch sein mag – es geht wirklich nicht ohne Stativ, wenn man nicht immer Stümper bleiben will. Pilzaufnahmen verlangen gestochene Schärfe.

Ausleuchtung. Ausgebreitete Pilzhüte haben Sonnenschirm-Effekt: unter ihnen, an Röhren, Lamellen und Stiel wird das Licht ferngehal-

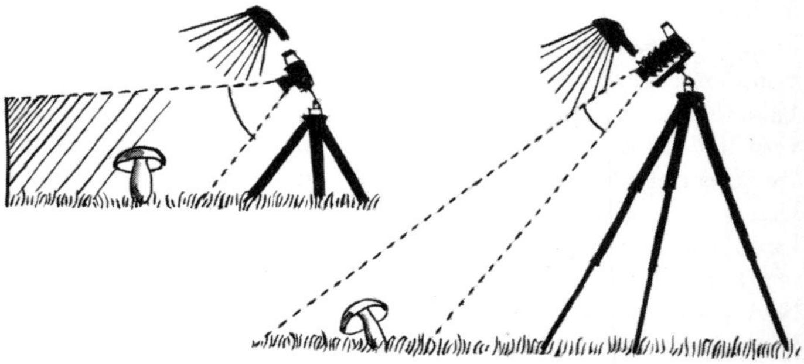

Bildwinkel und Ausleuchtung mit Blitzlampe mit (links) normaler 50-mm-Brennweite und (rechts) mit langer 135-mm-Brennweite

ten, während die Hutoberseite gern zu hell wird, vor allem im Waldinnern, wo oft reines Oberlicht herrscht. Hier arbeitet man stets mit Reflexschirmen: weiße Papierbogen oder Kartons, eben außerhalb des Bildfeldes hingelegt oder schräg aufgestellt, hellen Stiel und Unterseite auf. Noch wirksamer ist ein mit Silberpapier beklebtes Pappstück, das man zusammengeklappt mitführen kann. Wenn das Oberlicht zu stark ist, schattiert man während der Belichtung vorsichtig die Hutoberseite mit einem darübergehaltenen Gegenstand ab. Die Wirkung wird vor der Aufnahme auf der Mattscheibe kontrolliert.
Ein kleiner, aber sehr wirksamer Trick sei hier noch verraten: Einzelpilze kann man vorsichtig, ohne sie auszureißen, leicht nach hinten neigen. Man sieht dann mehr von der Unterseite und kann sie besser mit Reflexschirmen aufhellen. Man gewinnt auch einen etwas höheren Kamerastand, einen Bildwinkel mehr schräg nach unten und weniger waagerecht, dadurch aber eine größere Tiefenschärfe – und übrigens auch bedeutend bessere Bildfeldausleuchtung, wenn man mit Blitzlicht arbeitet, wie unsere Zeichnung verdeutlicht. Im fertigen zweidimensionalen Bild fällt diese kleine Mogelei später überhaupt nicht auf.
Will man seine Bilder zu Lehrzwecken, Vorträgen und dergleichen verwenden, kann man auch einen zweiten Pilz neben den stehenden hinlegen, um die Kennzeichen der Unterseite und des Stieles deutlicher zu zeigen, wenn man dafür nicht ein besonderes Foto vorzieht.

Belichtung. Es ist gar nicht so leicht, beim Farbfotografieren von Pilzen Fehlbelichtungen zu vermeiden, auch wenn man den Belichtungsmesser gewissenhaft benutzt. Fehlmessungen können entstehen,

wenn man das Meßgerät zu hoch hält und ein Stück Himmel dazu mißt, die Aufnahme wird dann unterbelichtet. Überbelichtungen können der Fall sein, wenn man helle Pilze in dunkler Umgebung fotografiert. Der weite Winkel des Belichtungsmessers erfaßt zu viel des Hintergrundes und zeigt dementsprechend eine recht lange Belichtungszeit an, wodurch der Pilz selbst überbelichtet, d. h. zu hell abgebildet wird. Abhilfe erfolgt durch Lichtmessung nah am Pilz, damit dieser als bildwichtigster Teil richtig belichtet wird. Daß dabei die Umgebung zu dunkel wird, läßt sich nicht ändern; der Farbfilm kann allzu große Helligkeitskontraste nicht bewältigen.
Im übrigen ist auch hier Erfahrung das Wichtigste. Unbedingt notiere man sich bei den ersten Filmen alle Daten, um den Belichtungsmesser zu eichen – manche von diesen »gehen vor oder nach«, und man muß erst herausfinden, welche Empfindlichkeitszahl man bei einem bestimmten Film wirklich einstellen muß. Und noch ein Rat: nicht immer das Filmfabrikat wechseln, sondern bei einem, mit dem man gute Erfolge hatte, bleiben und sich darauf einarbeiten! Sonst gibt es zuviel Fehlbelichtungen und Enttäuschungen.

Farbstich. Ohne daß wir es recht bemerken, verändert sich die Lichtfarbe im Laufe des Jahres und während eines Tages ganz erheblich. Im Sommer mittags ist die Lichtfarbe am kältesten, d. h. die blauen Anteile überwiegen, während bei tiefem Sonnenstand am Nachmittag oder Abend und im Herbst die warmen gelben und roten Strahlen vorherrschen. Sie leuchten unsere Spätherbstpilze an und bemalen sie mit ihren Tönungen. Wir empfinden das kaum, denn unser Gehirn übersetzt sozusagen die vom Auge registrierten Farben in die bekannten, vertrauten Tönungen.
Der Farbfilm aber kann sich nicht anpassen, er ist auf den Sommer und hohen Sonnenstand – weil dann die meisten Farbaufnahmen gemacht werden – eingestellt. Alle Pilzaufnahmen bei tiefem Sonnenstand bekommen unvermeidbar einen erheblichen Gelbrotstich, am stärksten in direkter Sonne, weniger bei Aufnahmen im Schatten. Bei Landschaftsaufnahmen haben wir nichts gegen solche Farben, die ja gerade die Herbststimmung wiedergeben, aber Pilze können durch sie bis zur Unkenntlichkeit verändert werden. Man darf daher im Oktober und November nur noch mittags zur Zeit des höchsten Sonnenstandes fotografieren. Sonst helfen nur Lichtfarbenmesser und ein Satz Filter oder aber das Blitzlicht mit seiner neutralen, auf den Film abgestimmten Lichtfarbe.
Ein anderer bei Pilzaufnahmen häufiger Farbstich wird durch

gefärbtes Reflex- oder Filterlicht der Umgebung hervorgerufen. Ein weißer Pilz in lichtgrünem Moos erhält grünes Reflexlicht, durch Herbstlaub gefiltertes Tageslicht wird gelblich. In gewissem Umfang sind solche Farbänderungen erträglich, besonders wenn man ihre Herkunft erkennt. Will man aber nur die Eigenfarben des Pilzes erhalten, muß man in solchen Fällen Blitzlicht verwenden.

Blitzlicht. Die Verwendung des Blitzlichtes für Pilz-Farbaufnahmen bringt gewisse Nachteile mit sich. Das Mitführen eines Elektronenblitzgerätes ist bisweilen etwas unbequem, doch sind ja heute die Ausrüstungen kleiner und leichter geworden – und das Auto ist vielleicht auch nicht so weit. Schwerer wiegt schon die Tatsache, daß Blitzlichtaufnahmen von Pilzen manchmal etwas unnatürlich wirken können. Sehr blasse, besonders schwach gelbe Farbtöne werden leicht nach Weiß hin ausbelichtet.

Der Vordergrund wird besonders bei kurzem Abstand der Blitzlampe überbelichtet, der Hintergrund wirkt dagegen unnatürlich schwarz. Abhilfe sind Neigen des Pilzes nach hinten, höherer Stand und größere Entfernung der Blitzlampe, eventuell unter Verwendung von langer Brennweite mit kleinem Bildwinkel. Größerer Abstand erfordert aber, da man ja immer mit ziemlich kleinen Blenden arbeiten muß, ein lichtstarkes Blitzgerät, das noch aus einem anderen Grunde für die Pilzfotografie zu empfehlen ist: da im Walde jegliches Reflexlicht fehlt, das bei Aufnahmen im Zimmer durch die hellen Wände hinzuaddiert wird, braucht man ganz erheblich mehr Licht als bei Innenaufnahmen.

Ein letzter Nachteil des Blitzlichtes: Reflexe auf glatten und glänzenden Flächen werden drastisch verstärkt. Bei von Natur aus glänzenden oder schleimigen Pilzhüten erhält man prächtige, willkommene Effekte. Wenn aber nach Regen alles feucht ist, erhalten auch sonst matte Pilzhüte einen so unnatürlich starken Glanz, daß man die Art kaum wiedererkennt, und im Hintergrund gibt es ein verwirrendes Gefunkel durch die Reflexlichter in Hunderten von Wassertropfen, die in Gräsern und Moosen hängen.

Die unbestreitbaren Vorteile des Blitzlichtes sind: der Pilzfotograf wird völlig unabhängig von Tages- oder Jahreszeit. Wenn das Licht nur eben noch zum Scharfeinstellen reicht, kann fotografiert werden. Verpflanzen aus dem Waldesdunkel ins Licht ist überflüssig. Einen Farbstich gibt es nicht mehr, welche Lichtfarbe auch gerade herrschen mag. Fehlbelichtungen kommen seltener vor; wenn man mit konstanten Abständen und Blenden arbeitet, sind sie fast ausgeschlossen.

Zu Beginn muß das Blitzgerät getestet und eine persönliche Belichtungstabelle durch Probeaufnahmen ermittelt werden, da es für solche Sonderfälle keinerlei Anleitung gibt. Man erfährt am besten etwa so, daß man zunächst für zwei verschiedene Abstände der Blitzlampe (mittelweit für mittelgroße und große, nah für kleine Pilze) eine Serie von Probeaufnahmen macht, wobei man mit großen Blenden anfängt und bei jeder Aufnahme einen halben oder vollen Blendenwert kleiner einstellt. Die Daten, d. h. der genau gemessene Abstand der Blitzlampe bis zum vorderen Hutrand des Pilzes, die jeweiligen Blenden und die Nummer der Aufnahme werden notiert. Die am besten belichtete Aufnahme ergibt dann die künftig zu verwendenden Werte, die exakt einzuhalten sind.
Zu empfehlen ist es, zwei oder drei parallele Serien auf dem Probefilm zu belichten und zwar jeweils mit helleren und dunkleren Objekten. Bei sehr hellen Pilzen wird man unter Umständen mit kleineren, bei sehr dunklen mit etwas größeren Blenden arbeiten müssen.
Schlitzverschlüsse sind für Blitzlicht nicht auf kürzere Zeiten als $^1/_{40}$ bis $^1/_{50}$ Sekunde einstellbar. Das ist eine relativ lange Zeit, die zum Blitz hinzuaddiert wird und dann zu berücksichtigen ist, wenn das am Ort herrschende Tageslicht ziemlich hell ist. Man konsultiere in solchen Fällen den Belichtungsmesser, um abzuschätzen, ob man eventuell eine kleinere Blende einzustellen hat. Raffinierte Fotografen erzielen hervorragende Ergebnisse mit kombiniertem Tages- und Blitzlicht, wobei der Blitz zur Aufhellung von Schattenpartien, zur Korrektur von Farbstichen, besonders bei weißen Pilzen, oder zum Aufsetzen von Glanzlichtern benutzt wird.
Die Blitzlampe soll möglichst etwas seitlich von der Kamera stehen, damit das Bild nicht zu flach wirkt, der Pilz also eine Licht- und eine Schattenseite bekommt. Dabei ist aber unbedingt die dunkle Seite aufzuhellen, am besten durch einen nicht zu kleinen rein weißen Karton, der eben außerhalb des Bildfeldes aufgestellt wird. Er wirft weiches, schwaches Reflexlicht der Blitzlampe auf die Schattenseite und reicht aus, um die unnatürlich wirkenden toten schwarzen »Löcher« eben durchzuzeichnen und die Umrißkontur von Hut und Stiel anzudeuten. Bei sehr lichtstarken Geräten kann man auch eine Zusatzlampe anschließen, um die Schattenpartien aufzuhellen. Zweckmäßig ist, für die Blitzlampe ein längeres Kabel anzuschaffen, um mehr Bewegungsfreiheit zu haben.

Schwarzweiß-Fotografie. Sie ist im Zeitalter des Farbfilms fast eine aussterbende Kunst geworden, wirklich gute Schwarzweiß-Fotos

sieht man nur noch selten. Farbfilm ist bei Pilzaufnahmen durchaus nicht in allen Fällen nötig, ja in manchem ist der Schwarzweißfilm ihm sogar überlegen, besonders in der viel feineren Gradation, d. h. der Abstufung der in Grautöne übersetzten Helligkeitswerte. Schwarzweiß-Fotos wirken daher oft plastischer als Farbbilder. Sie lassen sich auch leichter vervielfältigen, sind billiger und für Reproduktionszwecke oft erwünschter. Schließlich hat auch der Fotofreund hier noch die Möglichkeit, sein Können in der Dunkelkammer zu beweisen und alles aus seinen Aufnahmen herauszuholen was darinsteckt, während bei der Farbfotografie wenigstens für die meisten Pilzfotografen die Eigentätigkeit mit der Aufnahme draußen beendet ist. Ein weiterer Vorzug der Schwarzweiß-Bilder: ihre Haltbarkeit ist praktisch unbegrenzt, dagegen beginnen leider alle Farbbilder nach einer Anzahl von Jahren allmählich auszubleichen.
Für die Schwarzweiß-Fotografie gelten die meisten der Ratschläge, die wir für die Farbfotografie gegeben haben, insbesondere für die Ausleuchtung, mit der man auch hier geradezu zaubern und beinahe Unmögliches möglich machen kann. Weiches Tageslicht ergibt immer die besten Resultate. Im übrigen: feinstkörniger Film niedriger Empfindlichkeit und sehr sorgfältige, auf den Film abgestimmte weiche Entwicklung. Dann entstehen Negative, die dem Fotofreund in der Dunkelkammer helle Freude bereiten.

Schlüssel zum Bestimmen der wichtigsten Lamellenpilz-Gattungen

(Vor dem Bestimmen ist die Farbe des Sporenstaubes festzustellen, Seite 19; Hinweise zur Benutzung des Schlüssels s. Seite 163)

1a Stielfleisch mürbe-brüchig, wie Apfelfleisch, nicht der Länge nach aufzufasern, Stiel nie mit Ring, Hut nie mit Schuppen 2
1b Stielfleisch längsfaserig, wie Spargelfleisch (s. Abb. Seite 163) 3
2a Fleisch beim Anbrechen oder Lamellen beim Anritzen mit weißem oder farbigem Saft *Milchlinge*, Lactarius
2b Fleisch ohne Saft *Täublinge*, Russula
3a Pilze an Holz, Baumstümpfen oder Stämmen wachsend 4
3b Pilze auf dem Erdboden wachsend 14
4a Große Pilze mit seitlichem, nahe am Hutrand ansitzendem Stiel *Seitlinge*, Pleurotus
4b Stiel in der Mitte des Hutes ansitzend 5
5a Hut anfangs unten durch eine Haut verschlossen, Stiel nach dem Aufschirmen des Hutes mit häutigem Ring 6
5b Stiel ohne Ring 9
6a Lamellen etwas am Stiel herablaufend, wenigstens anfangs weiß, Sporenstaub weiß *Hallimasch*, Armillariella
6b Lamellen gelb, grünlich, bräunlich, grau oder dunkel 7
7a Stiel mit deutlichem häutigem, oben braunem Ring, unter dem Stiel schuppig, Sporenstaub rostbraun 8
7b Ring meist nur faserig, Lamellen gelblich-grünlich, grau oder dunkler, Sporenstaub dunkelviolettlich *Schwefelköpfe*, Naematoloma
8a Hut völlig glatt, mit durchwässerter, dunklerer Randzone *Stockschwämmchen*, Kuehneromyces
8b Hut schuppig *Schüpplinge*, Pholiota
9a Hut und Stiel fein rotschuppig, Lamellen gelb *Rötlicher Holzritterling*, Tricholomopsis rutilans
9b Nicht mit diesen Merkmalen 10
10a Sporenstaub weiß 11
10b Sporenstaub irgendwie gefärbt 12
11a Pilze zu vielen wachsend, Hut gelb, schmierig, Stiel fein schwarzbraunsamtig *Samtfuß- oder Winter-Rübling*, Flammulina
11b Pilze einzeln oder zu wenigen wachsend, Hut bräunlichgrau, radialfaserig, Lamellen sehr breit, Stielgrund mit weißen Myzelsträngen *Breitblättriger Holzritterling*, Tricholomopsis platyphylla
12a Pilze büschelig zu vielen wachsend, Hüte gelb oder rötlichgelb, Sporenstaub dunkel grau- bis schwarzviolett *Schwefelköpfe*, Naematoloma
12b Pilze einzeln oder zu wenigen wachsend, Sporenstaub rötlich oder braun 13

13a Sporenstaub schmutzigrötlich, Lamellen erreichen den Stiel nicht, der daher leicht vom Hutfleisch zu lösen ist *Dachpilze*, Pluteus

13b Sporenstaub braun, Lamellen herablaufend, Stiel schwarz-braun-samtig, Pilz an Nadelholz *Samtfußkrempling*, Paxillus atrotomentosus

14a Hüte anfangs hoch glockenförmig, zuletzt vom Rande her zerfließend, Sporen tief schwarz *Tintlinge*, Coprinus

14b nicht zerfließend 15

15a Stiel mit häutigem Ring 16

15b Stiel ohne Ring, oder Ring nur faserig oder schleimig 21

16a Lamellen und Sporenstaub weiß 17

16b Lamellen rosa, bräunlich, dunkelbraun oder schwarz, ebenso der Sporenstaub 19

17a Hut mit abwischbaren oder auf glattem Grund angeklebten Flocken oder ganz glatt *Knollenblätterpilze* oder *Wulstlinge*, Amanita

17b Hut mit angewachsenen Schuppen 18

18a Große bis sehr große Pilze mit beweglichem Ring *Riesenschirmlinge*, Macrolepiota

18b Mittelgroße Pilze mit angewachsenem Ring *Schirmlinge*, Lepiota

19a Lamellen braun, auch Hut blaßbraun, in der Mitte mehlig bereift *Reifpilz*, Rozites

19b Lamellen zuletzt dunkelbraun oder schwarz werdend 20

20a Lamellen den Stiel kaum berührend, Stiel daher leicht aus dem Hut zu lösen, Hut trocken *Champignons*, Agaricus

20b Lamellen am Stiel angewachsen, Stiel fester mit dem Hut verbunden, Hut glatt oder schmierig *Träuschlinge*, Stropharia

21a Lamellen oder Stiel mit violetten Farben 22

21b Nicht mit solchen Farben 24

22a Stiel unter 1 cm dick, faserig, knapp mittelgroßer Pilz mit entfernten, von den Sporen weiß bepuderten Lamellen *Amethyst-Bläuling*, Laccaria

22b Stiel über 1 cm dick, fleischig, mittelgroße bis große fleischige Pilze . . 23

23a Junge Pilze unter dem Hut mit fädigem Schleier, Sporenstaub braun *Schleierlinge*, Cortinarius

23b Ohne Schleier, Sporenstaub blaßrötlich *Rötelritterlinge*, Lepista

24a Lamellen am Stiel herablaufend 25

24b Lamellen am Stiel nach oben eingebuchtet oder gerade angewachsen . 32

25a Sporenstaub weiß oder weißlich, Lamellen auch alter Pilze höchstens weiß, gelblich oder gelb 26

25b Sporenstaub und Lamellen alter Pilze rötlich, braun oder schwarz . 30

26a Hut schleimig, schmierig oder klebrig, Lamellen entfernt stehend *Schnecklinge*, Hygrophorus

26b Hut trocken, nicht klebrig-schmierig 27

27a Lamellen eng stehend, dünn 28

27b Lamellen entfernt stehend, dicker 29

28a Lamellen nicht gegabelt, weiß, gelblich oder grau *Trichterlinge*, Clitocybe

28b Lamellen zweimal gegabelt, orangegelb *Gabelblättling*, Hygrophoropsis
29a Auf Wiesen, blaß ockerrötlich oder weiß *Ellerlinge*, Camarophyllus
29b Im Wald, Lamellen nur in Form dicker, niedriger, gegabelter Leisten ausgebildet *Pfifferlinge*, Cantharellus
30a Pilz weißlich, Lamellen blaß rötlich, Mehlgeruch *Mehlpilz*, Clitopilus
30b Pilz anders aussehend 31
31a Sporenstaub braun, Lamellen holzbräunlich, an Druckstellen dunkelfleckend *Krempling*, Paxillus
31b Sporenstaub schwarz, Hut oft schmierig oder Stielgrund gelblich, Stiel schleimig beringt *Schmierlinge*, Gomphidius
32a Stielgrund mit häutiger Hülle 33
32b Stielgrund ohne Hülle 34
33a Lamellen weiß, Hutrand kammartig gerieft *Streiflinge*, Amanita
33b Lamellen zuletzt rötlich, Hutrand glatt *Scheidlinge*, Volvaria
34a Hut junger Pilze unten durch spinnwebartigen Schleier verschlossen, Sporen braun *Schleierlinge*, Cortinarius
34b Ohne solchen Schleier 35
35a Sporenstaub rötlich, bräunlich oder braun 36
35b Sporenstaub weiß 38
36a Sporenstaub rötlich *Rötlinge*, Rhodophyllus
36b Sporenstaub bräunlich oder braun 37
37a Hut junger Pilze kegelig, alt gebuckelt, oft längsfaserig und randlich eingerissen *Rißpilze*, Inocybe
37b Hut rundlich oder flach gewölbt, glatt, weißlich oder lehmfarbig *Fälblinge*, Hebeloma
38a Lebhaft gelb, orange oder rot gefärbte Pilze in offenem Grasland *Saftlinge*, Hygrocybe
38b Nicht so aussehend 39
39a Stiel fleischig, voll, auch Hut fleischig 40
39b Stiel zäh, lang, gummischlauchartig, dünn oder hohl 41
40a Hut schmutzig weißlich, Frühlingspilz *Mairitterling*, Calocybe
40b Hut meist irgendwie gefärbt, Herbstpilze *Ritterlinge*, Tricholoma
41a Lamellen rosa, entfernt stehend, Hut fuchsrötlich *Rötlicher Bläuling*, Laccaria
41b Lamellen weiß oder weißlich 42
42a Pilze in Reihen oder Ringen im Grasland wachsend *Feldschwindling*, Marasmius
42b Pilze im Wald wachsend 43
43a Mittelgroße Pilze mit zähem oder gummischlauchartig elastischem, zusammendrückbarem Stiel *Rüblinge*, Collybia
43b Kleinere Pilze, Stiel sehr dünn, hohl oder zäh 44
44a Trockene Pilze beim Anfeuchten wiederauflebend, Hut meist flach gewölbt, Lamellen entfernt *Schwindlinge*, Marasmius
44b Nicht wiederauflebend, Hut meist glockig *Helmlinge*, Mycena

Weiterführende Pilzliteratur

Unser Buch gibt eine erste Einführung in die Pilzkunde und vermittelt die Kenntnisse, die für den praktischen Pilzsammler nötig sind. Wer sein Pilzwissen vergrößern will, wird später nach weiterer Pilzliteratur greifen wollen. Für ihn ist im folgenden aus der recht umfangreichen Literatur über Pilze eine kritische Auswahl solcher Bücher zusammengestellt und kurz besprochen, die für eine allmähliche Erweiterung des Wissens und der eigenen kleinen Pilzbücherei besonders geeignet sind und vom praktischen wie vom wissenschaftlichen Standpunkt aus uneingeschränkt empfohlen werden können. Neben deutschsprachiger Literatur sind auch einige französische Pilzbücher mit guten farbigen Abbildungen aufgenommen.

Allgemeinverständliche Pilzbücher mit farbigen Abbildungen:

L. Zeitlmayr: Knaurs Pilzbuch. Drolmor, München 1963. – Bemerkenswert besonders durch die 70 sehr schönen Pilzbilder des Münchner Pilzmalers Claus Caspari, ausführlicher Text.

J. Jaccotet: Pilze. Creatura Naturkundliche Taschenbücher, Verlag Kümmerly & Frey, Bern. Mit 64 besonders reizvollen Farbtafeln des Malers Paul Robert jun.

A. Pilát – O. Ušák: Pilz-Taschenatlas. Verlag Artia, Prag, 1959. 2. Auflage 1962. Farbige Abbildungen von 94 Pilzarten auf 80 Tafeln des Malers O. Ušák und ausführlicher Begleittext aus der Feder des bekannten tschechischen Mykologen Dr. Pilát.

H. Haas: Pilze Mitteleuropas I und II. Kosmos-Naturführer, Stuttgart, 1961. Mit schönen ganzseitigen Farbtafeln von 80 Pilzarten von Gabriele Goßner; ausführliche Beschreibungen auch vieler verwandter Arten, Bestimmungsübersicht. Eines der besten deutschen Pilzbücher.

J. Peter: Kleine Pilzkunde Mitteleuropas. Verlag Büchergilde Gutenberg, Zürich; Safari, Berlin als »Das große Pilzbuch, 1964«. Empfehlenswertes, gründliches Buch mit Einführung in die Systematik, Beschreibungen und einfachen farbigen Zeichnungen von 375 Pilzarten.

Schweizer Pilztafeln Band I–IV. Herausgegeben vom Verband schweizerischer Vereine für Pilzkunde. Die 4 Bändchen im Taschenformat enthalten farbige Abbildungen und Beschreibungen von insgesamt 270 Pilzarten.

J. E. Lange und M. Lange: 600 Pilze in Farben. BLV-Verlagsgesellschaft München. 1962. Enthält verkleinerte farbige Abbildungen aus der berühmten »Flora Agaricina Danica« (über die dänischen Lamellenpilze) von J. E. Lange, durch andere Pilzgruppen ergänzt und als Taschenbuch herausgegeben von M. Lange; deutsche Bearbeitung von M. Moser. Wichtiges Abbildungswerk auch für weniger häufige Pilze.

Michael – Hennig: Handbuch für Pilzfreunde. Neuauflage des Michaelschen »Führers für Pilzfreunde« durch B. Hennig. 3 Bände. VEB-Verlag Gustav Fischer, Jena, 1958, 1960, 1964. Ein Standardwerk der deutschen Pilzkunde. Zur Zeit wieder vergriffen.

A. Maublanc: Les Champignons de France. 2 Bände im Taschen-Format.

Verlag P. Lechevalier, Paris. In vielen Auflagen erschienenes Buch mit 224 Farbtafeln mit Darstellungen von mehr als 300 Arten. Eines der besten europäischen Pilzbücher für den Anfänger mit sehr guter Artenauswahl. Bei allen Arten sind auch die Sporen abgebildet. Deutsche Pilznamen sind im Register aufgenommen.

H. Romagnesi: Petit Atlas des Champignons. 2 Bände im Taschenformat. Verlag Bordas, Paris. Mit 348 Farbtafeln und Darstellungen von rund 400 Pilzen. Dies Buch ist die Taschenausgabe des »Nouvel Atlas des Champignons«, siehe unten.

R. Heim: Les Champignons d'Europe. Verlag Boubée, Paris. 2 Bände. Sehr gediegenes, reichhaltiges, durch Federzeichnungen und 54 sehr gute Farbtafeln illustriertes Werk des bekannten Direktors des Nationalmuseums für Naturkunde in Paris. Wertvolle Lektüre für den fortgeschrittenen Pilzfreund, der Französischkenntnisse hat.

Bestimmungsbücher:

H. Jahn: Pilze rundum. Claassen, Hamburg 1949. Taschenbuch zum Bestimmen und Nachschlagen von rund 500 Pilzarten. Mit Zeichnungen und farbigen Abbildungen. Einfaches Bestimmungsbuch, das auch der Anfänger benutzen kann. Zur Zeit vergriffen, Neuauflage in Vorbereitung.

M. Moser: Blätter- und Bauchpilze. Band IIb in H. Gams, Kleine Kryptogamenflora von Mitteleuropa. Stuttgart 1955. Bestimmungsflora für fortgeschrittene Pilzliebhaber, unentbehrlich für ernsthaftes Pilzstudium.

Ebenso: Band IIa, Schlauchpilze. Gustav Fischer, Stuttgart 1963.

Großformatige Tafelwerke:

Mitteleuropäische Pilze. 180 Tafeln nach Original-Aquarellen von Claus Caspari, München, in 6–8farbigem Offsetdruck. Textbearbeitung von J. Poelt und H. Jahn. Kronen-Verlag Erich Cramer, Hamburg 1963–1965. Lose Tafeln in Leinen-Kassette. Ausgewählte Pilze aus allen Gruppen, insgesamt etwa 220 Arten umfassend. Dies Werk stellt wohl den bisher erreichten Höhepunkt der Pilzdarstellung in Deutschland dar.

H. Romagnesi: Nouvel Atlas des Champignons. 4 Bände, Verlag Bordas, Paris, 1956–1965. Großangelegtes Prachtwerk, Text von einem der bedeutendsten Lamellenpilzkenner der Jetztzeit. Bisher 3 Bände erschienen mit 236 meist sehr guten Farbtafeln.

Namenregister

Die schräg gedruckten Zahlen verweisen auf ausführliche Pilzbeschreibungen

S

T

Sachregister